U0259574

北洋设计文库

北洋匠心

天津大学建筑学院校友作品集 第二辑

1999—2013级

天津大学建筑学院 编著

天津大学出版社
TIANJIN UNIVERSITY PRESS

《北洋匠心》编委会

北洋匠心

天津大学建筑学院校友作品集 第二辑

1999—2013级

天津大学建筑学院 编著

彭一刚院士手稿

在21世纪之初，西南交通大学召开了一次“建筑学专业指导委员会”会议，我以顾问的身份应邀出席了这次会议。与以往大不相同的是，与会的人员几乎都是陌生的年轻人，那么老人呢？不言而喻，他们均相继退出了教学岗位。作为顾问，在即兴的发言中我提到了新旧交替相当于重新“洗牌”。现在，无论老校、新校，大家都站在同一条起跑线上。老校不能故步自封，新校也不要妄自菲薄，只要解放思想并做出努力，都可能引领建筑教育迈上一个新的台阶。

天津大学，应当归于老校的行列。该校建筑系的学生在各种建筑设计竞赛中频频获奖，其中有的人已成为设计大师，甚至院士。总之天津大学建筑学的教学质量还是被大家认同的，究其原因不外有二：一是秉承徐中先生的教学思想，注重对学生基本功的训练；二是建筑设计课的任教老师心无旁骛，把全部心思都扑在教学上。于今，这两方面的情况都发生了很大变化，不得不令人担忧的是，作为老校的天津大学的建筑院系，是否还能保持原先的优势，继续为国家培养出高质量、高水平的建筑设计人才。

天津大学的建筑教育发展至今已有80年的历史。2017年10月，天津大学建筑学院举办了各种庆典活动，庆祝天津大学建筑教育80周年华诞。在这之前，我们思考拿什么来向这种庆典活动献礼呢？建筑学院的领导与校友会商定，继续出版一套天津大学建筑学院毕业学生的建筑设计作品集《北洋匠心》系列，时间范围自1977年恢复高考至21世纪之初，从每届毕业生中挑出若干人，由他们自己提供具有代表性的若干项目，然后汇集成册，借此，向社会汇报天津大学建筑教育发展至今的教学和培养人才的成果。

对于校友们的成果，作为天津大学建筑学院教师团队成员之一的我不便置评，但希望读者不吝批评指正，为学院今后的教学改革提供参考，是为序。

中国科学院院士
天津大学建筑学院名誉院长
彭一刚

2017年12月

彭一刚院士手稿

前言

FOREWORD

2017年10月21日，天津大学建筑教育迎来了80周年华诞纪念日。自2017年6月，学院即启动了“承前志·启后新”迎接80周年华诞院庆系列纪念活动，回顾历史，传递梦想，延续传统，开创未来，获得了各界校友的广泛关注和支持。

值80周年华诞之际，天津大学建筑学院在北京、上海、深圳、西安、石家庄、杭州、成都、沈阳等地组织了多场校友活动，希冀其成为校友间沟通和交流的纽带，增进学院与校友的联系与合作；并由天津大学建筑学院、天津大学建筑学院校友会、天津大学出版社、乙未文化共同策划出版《北洋匠心——天津大学建筑学院校友作品集》（第二辑），力求全面梳理建筑学院校友作品，将北洋建筑人近年来的工作成果向母校、向社会做一个整体的展示和汇报。

天津大学建筑学院的办学历史可上溯至1937年创建的天津工商学院建筑系。学院创办至今的80年来，培养出一代代卓越的建筑英才，他们中的许多人作为当代中国建筑界的中坚力量甚至领军人物，为中国城乡建设挥洒汗水、默默耕耘。北洋建筑人始终秉承着“实事求是”的校训，以精湛过硬的职业技法、精益求精的工作态度以及服务社会、引领社会的责任心，创作了大量优秀的建筑作品，为母校赢得了众多荣誉。从2008年奥运会的主场馆鸟巢、水立方、奥林匹克公园，到天津大学北洋园校区的教学楼、图书馆，每个工程背后均有北洋建筑人辛勤工作的身影。校友们执业多年仍心系母校，以设立奖学金、助学金、学术基金，赞助学生设计竞赛和实物捐助等形式反哺母校，通过院企合作助力建筑学院的发展，促进产、学、研、用结合，加速科技成果转化，为学院教学改革和持续创新搭建起一个良好的平台。

《北洋匠心——天津大学建筑学院校友作品集》（第二辑）自2017年7月面向全体建筑学院毕业校友公开征集稿件以来，得到各地校友分会及校友们的大力支持和积极参与，编辑组陆续收到130余位校友共计339个项目的稿件。2017年9月召开的编委会上，中国科学院院士、天津大学建筑学院名誉院长彭一刚，天津大学建筑学院院长张颀，全国工程勘察设计大师、中国建筑设计研究院有限公司总建筑师李兴钢，天津大学建筑学院建筑系主任荆子洋对投稿项目进行了现场评审；同时，中国工程院院士、国家勘察设计大师、中国建筑设计院有限公司名誉院长、总建筑师崔愷，全国工程勘察设计大师、天津大学建筑学院教授、华汇工程建筑设计有限公司总建筑师周恺对本书的出版也给予了大力支持。各位评审对本书的出版宗旨、编辑原则、稿件选用提出了明确的指导意见，对应征稿件进行了全面的梳理和认真的评议。本书最终收录均为校友主创、主持并竣工的代表性项目，希望能为建筑同人提供有益经验。

近百年风风雨雨，不变的是天大建筑人对母校的深情大爱，不变的是天大建筑人对母校一以贯之的感恩反哺。在此，衷心感谢各地校友会、校友单位和各位校友对本书出版工作的鼎力支持，对于书中可能存在的不足和疏漏，也恳请各位专家、学者及读者批评指正。

天津大学建筑学院院长
天津大学建筑学院校友会会长

2017年12月

目录

CONTENTS

涂洛雅 1999 级

洛杉矶 ARCHIMORPHIC 筑弧设计事务所 创始人、设计总监
美国注册建筑师
环境能源设计资质专家

2004 年毕业于天津大学建筑学院，获建筑学学士学位
2008 年毕业于美国加州大学建筑学院，获建筑学硕士学位

2004—2007 年任职于悉地国际北京分公司
2009—2015 年任职于 AMPHIBIANARC 双栖弧设计事务所
2015 年至今任职于 ARCHIMORPHIC 筑弧设计事务所

代表项目
重庆北大附中 / 蚌埠百乐门综合开发项目 / 郑州璞丽广场 / 郑州海尚广场综合开发项目 / 宁波鄞州市民中心

获奖项目
1. 瀚海晴宇花园项目：最佳生态楼盘（2015）
2. 宁波鄞州南部商业区门户区：项目规划设计竞赛，一等奖及中标设计（2014）
3. 空间书法：芝加哥雅典娜美国建筑奖（2013）
4. 宜昌新区重点片区规划：国际竞赛市民服务中心荣誉奖（2013）
5. 佛山综合体：MIPIM 建筑评论未来奖（综合类）（2011）
6. 重庆北大附中：国家优质工程奖三等奖（2008）
7. 重庆北大附中：中建集团优秀建筑设计奖一等奖（2004）

郑州晴宇项目

设计单位：AMPHIBIANARC 双栖弧建筑设计事务所、
ARCHIMORPHIC 筑弧建筑设计事务所
业主单位：河南瀚海置业有限公司

设计团队：王弄极、涂洛雅、陶瑛、
David Rodriguez、Dennis Ronney、
Charles Liu、Kisum Nam、刘家瑞、梅晓峰
项目地点：河南省郑州市
场地面积：65 244 ㎡
建筑面积：224 622 ㎡
设计时间：2012 年
竣工时间：2017 年

瀚海晴宇

总平面图

晴宇项目位于中国郑州市郑东新区CBD（中央商务区）副中心之上，紧临都市绿化水岸，邻近郑州东站。区别于同区、同期其他高端项目的传统新古典风格，晴宇运用了当代设计的流线型设计，突破了传统住宅功能性至上的桎梏；而且，高质量的完成度将设计给予开发项目的附加值体现得淋漓尽致。

建筑整体立面使用铝板及玻璃幕墙等非传统住宅材料，是罕见的突破创新。建筑立面的设计采用了大面积的深色铝板和玻璃幕墙板，使各塔楼主体部分与白色的流线型露台、阳台形成强烈对比，在视觉上突显出挑部分的轻盈灵动。

塔楼大胆的跳层处理打破了一般住宅建筑呆板的、重复性强的立面效果。集中使用空调机位摆脱了传统住宅零碎的外立面处理手法，使其更加整体化和公建化。铝板和玻璃板的跳色处理形成了玻璃板、铝板看似随机但却理性的现代立面比例。此外，会所、生活配套设施楼和幼儿园这三栋公共建筑延续了塔楼的建筑语汇，同样强调了有机及流线的外形，反差强烈的颜色突显弧线设计部分的灵动和流动感。

王 宽 1999 级

北京城建设计发展集团创作中心 总建筑师
[宽建筑] 工作室主持人
国家一级注册建筑师

2004 年毕业于天津大学建筑学院，获建筑学学士学位

2004—2010 年师从张永和先生，并就职于非常建筑事务所
2010—2013 年任水晶石数字科技集团设计中心总监
2013 年至今任职于北京城建设计发展集团

个人荣誉
第十三届威尼斯建筑双年展 NextLandmark 奖
2014 年台北设计奖 Taipei Design Award
2015 年 Beijing Design Week 最佳景观装置艺术奖
2016 年同时获得两项德国红点大奖 Reddot Award
2018 年受邀参加天津国际设计周建筑展

代表项目
青岛西海岸文化艺术演艺中心
马尔代夫新过门 · 临空经济区综合体
2022 冬奥会张家口赛区观众综合接待中心
2019 世界园艺博览会北京园
北京新奥大厦双塔
山西沁水杏河文化商业中心

东方古鱼——山西沁水杏河文化商业中心

设计单位：北京城建设计发展集团
业主单位：沁水县政府

设计团队：王宽、王东纯、海蓝、马丁、王萌、刘明、于笑荷、李佳慧、尹晓斌
项目地点：山西省晋城市
场地面积：17 000 m²
建筑面积：20 500 m²
设计时间：2016 年
竣工时间：2018 年
摄影：王东纯

沁水是山西省南部新近发展的一座小城，因独特的山水格局，城市建设形成了“半城山水半城园”的风格。沁水的中心由两条河以及汇聚的三角洲组成。项目正位于三角洲端部的一条边上，是整个沁水的第一号商业工程。项目方希望本项目能成为沁水的城市名片和市民活动的中心。

该项目作为城市名片，在空间、外观、材料上均与古典艺术一脉相承，采用了青砖、青石、木作、白玉，将商业活力与城市文脉融会贯通。

整座建筑由东向西“步步高升”，一个原因是退让北侧展览馆的城市形象，另一个原因是将东侧水上广场的人流通过层层台阶吸引到建筑的每一层，激活各层商业。贯穿东西的人流形成一条“脊”，室内空间形成贯通流动的开敞商业空间。外立面上设有通透的观景长廊，西端的玻璃咖啡厅则是观景高潮点，可远眺群山。

“脊”的下部为鳞次栉比的商铺，每个商铺形成一个方形体块，错落有致地聚合成商业带的主体。“脊”的上部为布局相对宽松的旗舰店，造型和空间体验与山西民居建筑如出一辙。

张 擎 1999 级

天津市建筑设计院设计一院方案创作所 副所长、主任建筑师

2004 年毕业于天津大学建筑学院，获建筑学学士学位
2007 年毕业于天津大学建筑学院，获建筑设计及其理论硕士学位

2007 年至今任职于天津市建筑设计院

代表项目

天津新八大里第二里格调绮园 / 天津生态城颐湖居亿利国际生态岛 / 中国民航大学研发大楼 / 中国民航大学乘务飞行学院 / 天津市滨海新区欣嘉园购物中心 / 天津市滨海新区中部新城指挥部 / 天津市津南区地税局信息中心

获奖项目

1. 天津滨海欣嘉园 7 号地幼儿园：全国优秀工程勘察设计行业奖建筑工程类二等奖（2015）
2. 天津高新区国家软件及服务外包产业基地：天津市建设工程海河杯奖二等奖（2012）
3. 万丽天津宾馆：天津市建设工程海河杯奖二等奖（2012）
4. 天津金融培训学院：天津市建设工程海河杯奖二等奖（2012）
5. 天津港企业文化中心：全国优秀工程勘察设计行业奖建设工程类三等奖（2011）
6. 天津市大胡同停车楼：天津市建设工程海河杯奖三等奖（2006）

天津网球中心

天津网球中心比赛场

设计单位：天津市建筑设计院
业主单位：天津市体育局

设计团队：刘景樑、李仲成、张擎、孙彤、俞欣
项目地点：天津市
场地面积：17 985.8 m²
建筑面积：20 724.7 m²
设计时间：2011 年
竣工时间：2013 年
摄影：刘东

中心

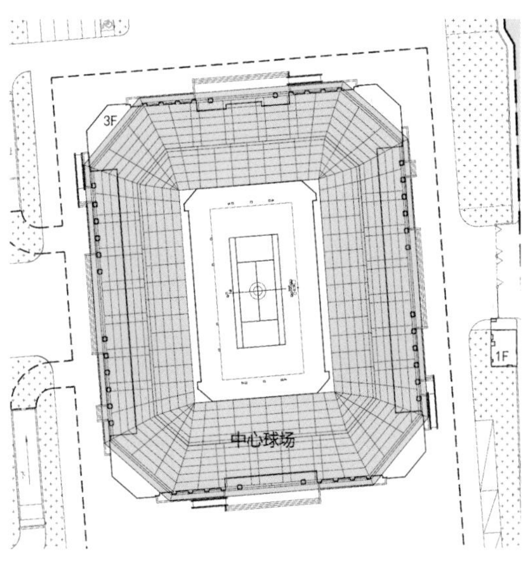

总平面图

该项目从外至内强调环境限定的协调性，设计构思的出发点源于环境的制约与限定，从城市文脉和区域功能中寻找建筑的外在形式。作为网球中心的升级改造工程，一方面，新建中心球场的选址使现有网球中心的整体结构变化较小，能够最大限度地减少对运动员日常训练的影响；另一方面，国际网球比赛的特点是多场同时进行，比赛时间较长，因此中心球场、次中心球场、外场的格局和网球中心的综合流线组织都充分考虑到观众和参赛人员的活动特点。中心球场与院区其他场馆、城市街道两侧既有建筑相呼应，形成良好的城市街景，其形式、材质、色彩等的选择都是出于对环境的思考和响应。中心球场从规划到设计很好地体现了网球的运动专业和传统气氛，是一座高度专业化的运动中心。

工作人员入

建筑形象是功能内涵的合理外延，体育建筑不仅应反映内部的空间特征，也应该注重通过结构特点来表达一种特定的形式情感。形的产生反映力的规律，力的组织有利于形的塑造，体育建筑感人的形象是力与形的完美结合。内场看台屋面作为一个重要的视觉要素，被设计团队特别关注。结构设计师结合竞赛对采光、遮阳、通风等的要求，经过多方案比选，最终确定采用“空间管桁架结构体系”，其简洁的结构形式很好地与建筑的形象融为一体，使屋面的结构设计充满了极具力量感的动势和强烈的形式意味，同时注重功能含义的表达，寓意于形之中。

赵劲松 1999 级

天津大学建筑学院 教授
中国建筑学会会员
世界华人建筑师协会创会会员

2001 年毕业于天津大学建筑学院，获建筑学硕士学位
2005 年毕业于天津大学建筑学院，获建筑学博士学位

1991—1993 年任职于太原市城市规划设计研究院
1993—2001 年任职于王孝雄建筑设计事务所
2005 年至今任职于天津大学建筑学院

个人荣誉
中国建筑学会“中国青年建筑师奖”（2006）

获奖项目
1. 天津蓟州体育馆：全国优秀工程勘察设计行业奖三等奖（2015）/“海河杯”天津市优秀工程勘察设计奖二等奖（2015）
2. 铁岭师范学院：教育部优秀建筑工程设计三等奖（2013）
3. 曹妃甸论坛会址：第五届中国设计博览会建筑设计大赛银奖（2010）
4. “常州·林与城”项目售楼处：第三届中国威海国际建筑设计大奖赛优秀奖（2006）
5. 天津市地铁李明庄站：第三届中国威海国际建筑设计大奖赛优秀奖（2006）
4. 晋城市图书馆：“为中国而设计”全国环境艺术大赛优秀奖（2006）/ 中国国际典范建筑大赛三等奖（2004）
7. 北京国永融通研发中心：第二届中国威海国际建筑设计大奖赛银奖（2005）/ 第九届机械工业优秀工程勘察设计奖二等奖（2005）
8. 无为：全国建筑设计竞赛佳作奖（2003）

吕梁机场标志

设计单位：非标准建筑工作室（方案设计）、天津大学建筑设计规划研究总院（施工图设计）
业主单位：吕梁机场

概念模型图

项目地点：山西省吕梁市
主创建筑师：赵劲松
方案团队：边彩霞、任轲、林雅楠
建筑施工图：沈斌、路曦遥
钢结构设计：尹越、闫翔宇
混凝土结构：郭红云
设计时间：2013 年

设计构思——做一条倔强的曲线

不论多少顿挫弯折，
它的一生是许多扭曲的总和。

不管曲率多难琢磨，
它也能拧出一道顽强的景色。

不知今生能否聚合，
它相信总有人会以相同方式活着。

不比高起还是低落，
它从不偏离自己心中的线索。

不辩正面还是反侧，
它知此处辉煌恰是彼处萧瑟。

不怕天生就在角落，
没人看，自己也要精彩出色。

即便只是偶尔路过，
也要让美丽在空中飘逸洒脱。

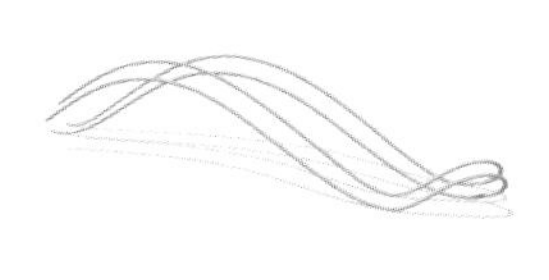

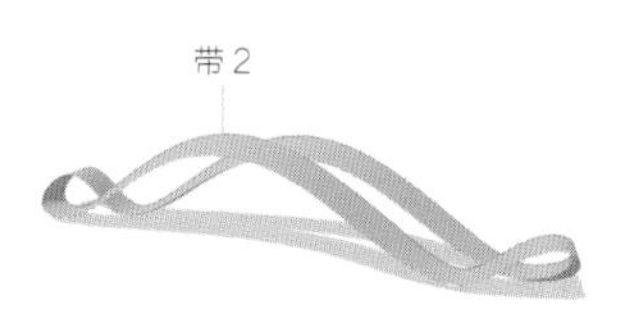

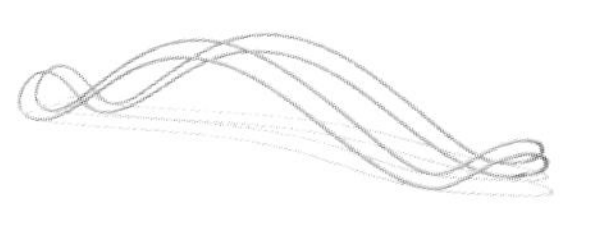

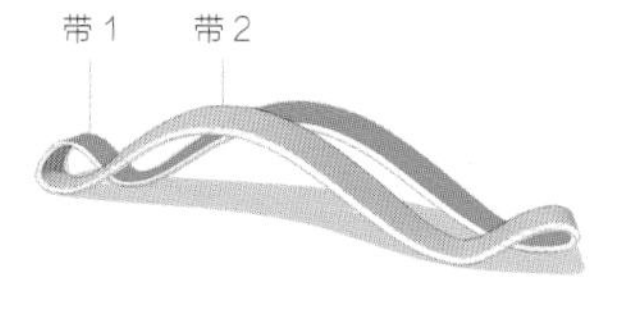

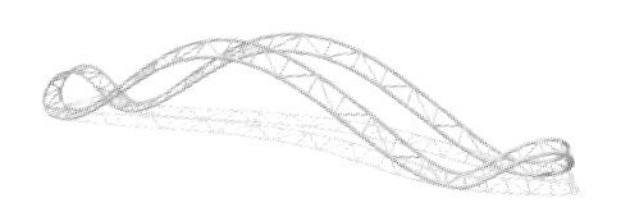

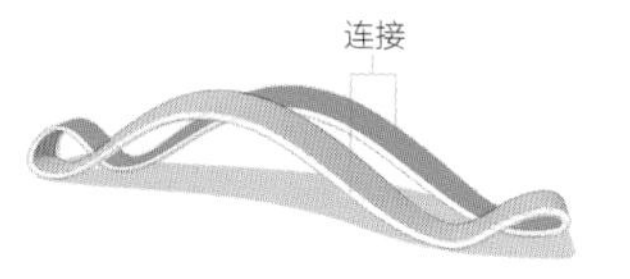

形态 j m 图

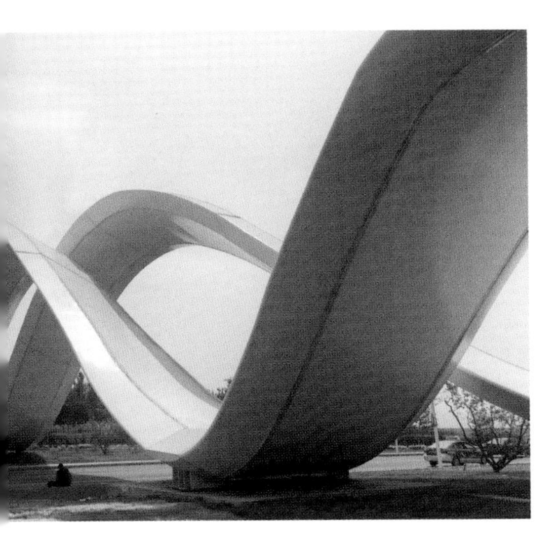

顾志宏 2000 级

天津大学建筑设计规划研究总院 设计创新研究院 副院长、副总建筑师
顾志宏工作室 总监
国家一级注册建筑师
国家注册城市规划师

2003 年毕业于天津大学建筑学院，获工学硕士学位

1997 年至今任职于天津大学建筑设计规划研究总院

个人荣誉

美国明尼苏达大学建筑学院访问学者
中国青年建筑师（2012）
中国建筑学会 a+a“中国建筑年度人物”（2013）

代表项目

武夷山大剧院 / 武夷山博物馆 / 武夷山森林博物院 / 郓城文化艺术中心 / 长春群众艺术馆 / 常州张太雷纪念馆 / 中国农业大学植保楼 / 河北工程大学新校区

获奖项目

1. 海亮国际幼儿园：教育部优秀勘察设计奖一等奖（2017）
2. 海亮教育园学生活动中心：“海河杯”天津市优秀勘察设计奖一等奖（2017）
3. 海亮剑桥国际学校：教育部优秀勘察设计奖二等奖（2017）
4. 天津大学北洋园校区机械组团：“海河杯”天津市优秀勘察设计奖一等奖（2016）
5. 陕西师范大学综合实验楼：中国建筑学会建筑创作奖（2016）

天津大学北洋园校区机械组团

设计单位：天津大学建筑设计规划研究总院
业主单位：天津大学

“海河杯”天津市优秀勘察设计奖一等奖（2016）

设计团队：顾志宏、张大昕、柏新予、宋睿琦、胡艳娇、张新玲、唐雪静、郑亮、杨永哲、王品才、杨成斌、杨廷武
项目地点：天津市
场地面积：99 590 ㎡
建筑面积：77 000 ㎡
设计时间：2012 年
竣工时间：2015 年

机械组团是天津大学北洋园校区六大教学组团之一，其独特的学科特征决定了机械组团“教育建筑中的工业风”的特性，并赋予其理性严谨的魅力与气质。和而不同的建筑立面设计使得四个部分既彰显出自身特色，又统一在有序的整体环境中。四个功能不同、各具特点的组成部分共同形成一个和谐而又丰富的整体教学组团。

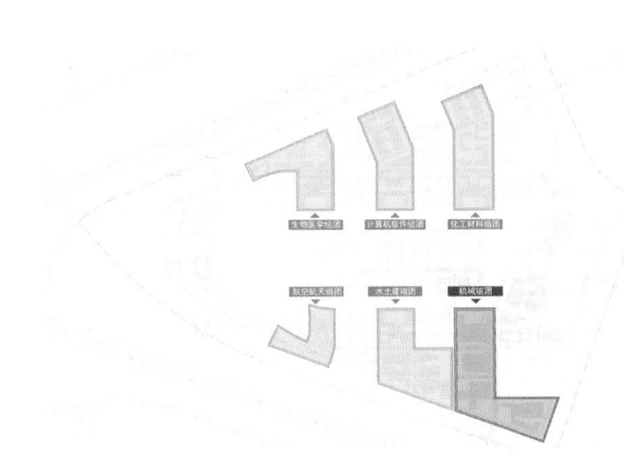

校区规划图

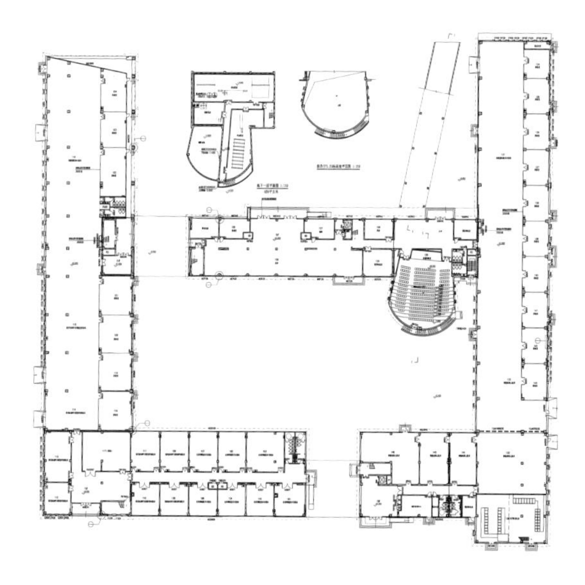

首层平面图

34

海亮国际幼儿园

设计单位：天津大学建筑设计规划研究总院
业主单位：海亮教育集团

教育部优秀工程勘察设计奖一等奖（2017）

设计团队：顾志宏、张晓建、宦新、梁维佳、范维、聂莉、王珣、于泳、周冬冬、王皓、崔玉恒
项目地点：浙江省诸暨市
场地面积：16 705 ㎡
建筑面积：10 336 ㎡
设计时间：2012 年
竣工时间：2015 年

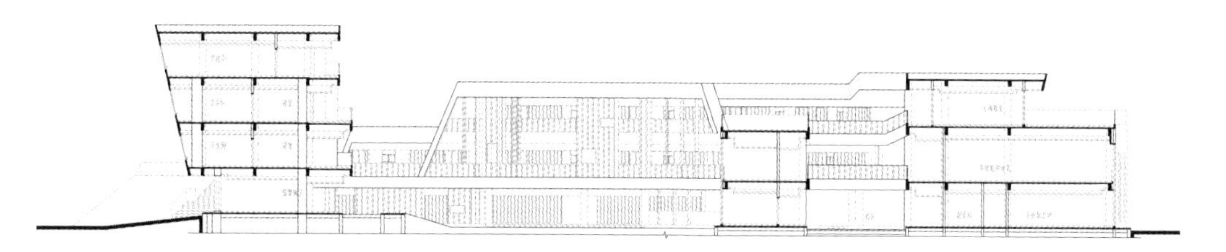

剖面图

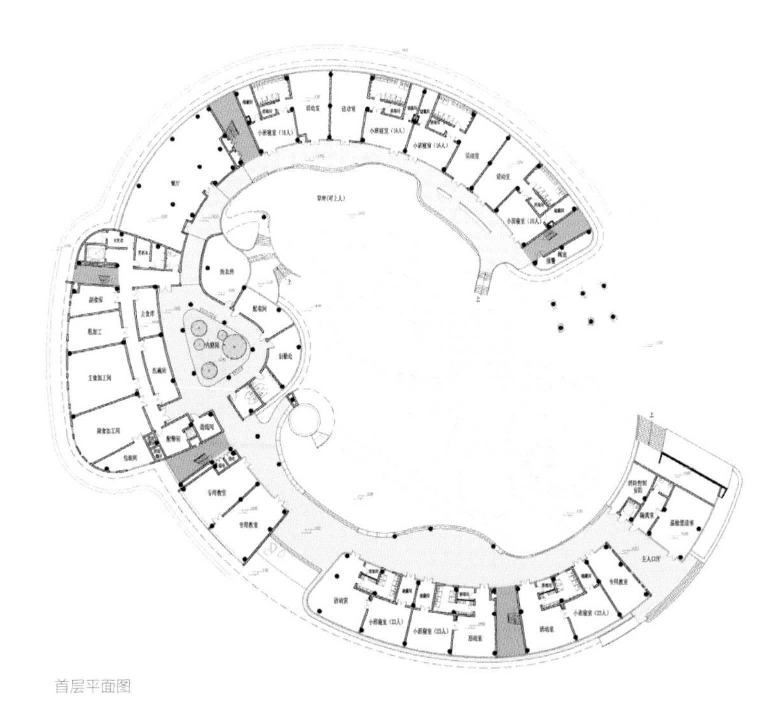
首层平面图

幼儿园的空间富有奇妙的流动感，儿童们的行为受到最小的限制。舒展而通透的走廊空间与游戏空间的结合同样使整个幼儿园弥漫着柔软的多样性。檐口与走廊吊顶部位采用了特别的造型，极大地促进了冰冷僵硬的建筑属性转化为柔软的特殊印象。朦朦胧胧的 U 形玻璃加强了舒展、柔软的印象特征，就像母亲的臂弯，又像一个欢乐的大沙坑，带给人新的体验，神奇而美丽，简约而有趣。以孩子的名义，以使用者综合身心体验为导向创造美好独特的新印象，是这次设计在诸暨海亮幼儿园创作中的追求和尝试。

海亮教育园学生活动中心

设计单位：天津大学建筑设计规划研究总院
业主单位：海亮教育集团

“海河杯”天津市优秀勘察设计奖一等奖（2017）

设计团队：顾志宏、张晓建、宦新、梁维佳、徐丽丽、边哲、陆佳佳、马国岭、周冬冬、闫辉、崔玉恒
项目地点：浙江省诸暨市
场地面积：12 000 ㎡
设计时间：2012 年
竣工时间：2015 年

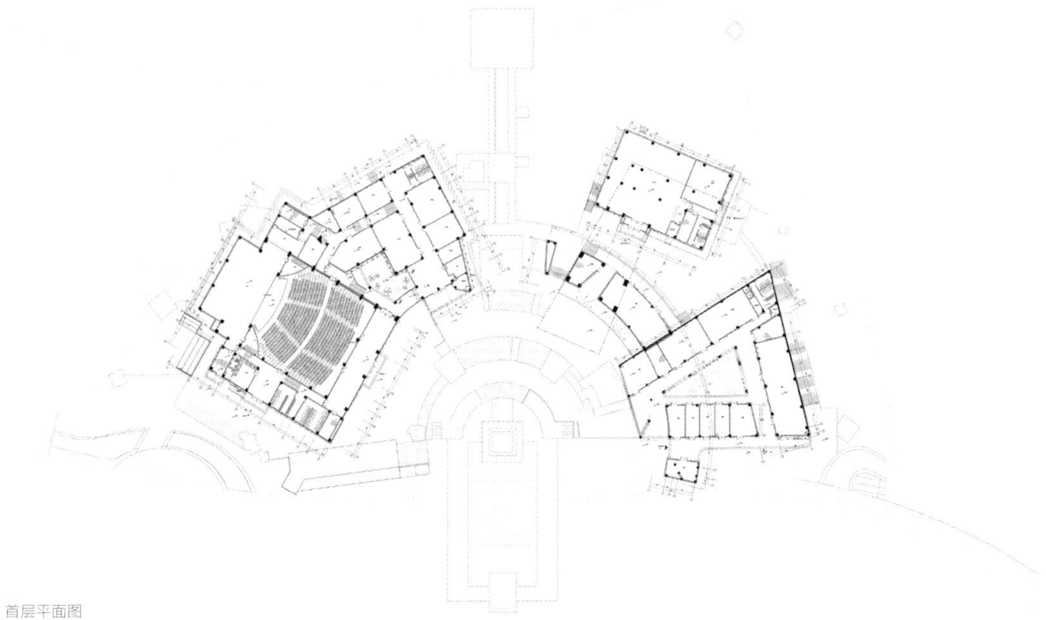

首层平面图

根据学生活动中心功能空间的体量、特点和动静要求，设计团队把整座建筑分为南、北两个区，南区静，北区动，随山就势正好形成了一个舒展的弧形展开面，结合30米的高差，创造出了一个非常富有趣味的扇形台地广场空间。广场上有尺度适宜的台阶与平台，有便于交流的室外小空间，适宜学生们谈天说地，休憩交流。邻近湖面的位置坡度相对平缓，在台地广场下面与湖面之间正好可以形成一个相对开阔的平广场，直接面向湖面。

这个活动中心因山而生，它和山中错落的岩石一样自然地融入山体本身，拥有适应山势转化而来的体形，拥有和周边生态景观密不可分的关系。建筑成为山体本身的一种元素，减少了其对自然景观、山石、水体的破坏。在建筑造型上，设计师利用悬挑、退台等手法呼应山体的变化，使建筑既融入山水，又跳出自然，为学生们塑造了一个既有气势又很灵动的多层次的室内外活动空间组合体，形成了一个与山融为一体的“山・门”。气势恢宏的展开姿态赋予建筑一种独特的精神力量，在这里，既能感受到青春的激昂、振奋与活力，又能感受到建筑带给人们的一种自然、人文和青春的力量。

长春市群众艺术馆

设计单位：天津大学建筑设计规划研究总院
业主单位：长春市群众艺术馆

设计团队：顾志宏、张晓建、张波、梅楠、孙亚宁、王珣、牛晓菲、李涛、马海民、冯卫星、崔玉恒
项目地点：吉林省长春市
场地面积：15 009 ㎡
建筑面积：25 000 ㎡
设计时间：2013 年
竣工时间：2015 年

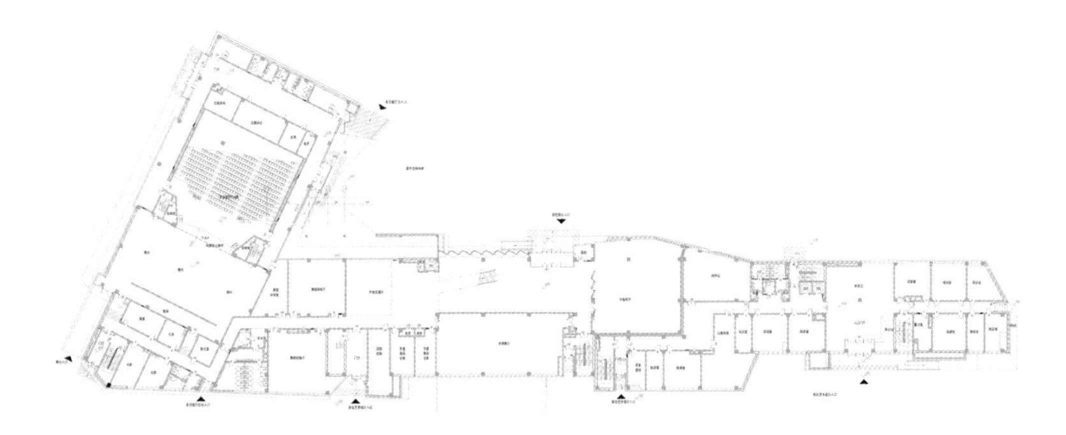

首层平面图

一方水土养一方人，东北的气候造就了东北人粗犷中蕴含细腻、豪放中不失热情的性格特点。设计师从东北人的这种性格特点中得到启发——具有东北地域特征的建筑需要一个厚重粗粝的外壳以抵挡寒气入侵，但更重要的是需要一个强大热烈的内核温暖人心，外面越是寒冷，里面就越是温暖。因此群众艺术馆远看像是一个被抛入旷野的孤零零的石块，蜷缩在严寒的环境中，在冰雪的冲刷洗礼下成为屹立在整个环境中的原点。建筑和寒冷环境通过对抗而相互激活，建筑以一种抵抗寒冷的姿态完整地表达出寒冷气候的肆虐和建筑坚强沉稳的存在。热烈纷繁的内核与粗犷原始的外表皮形成强烈的对比。这种内外的两重性在事实上呈现出一种邀约的姿态，外表越是缩成一团、形态越是封闭，内部的存在就越能将人的想象扩展到更远的地方。强烈对比冲突中对立统一的双方的存在都真实可信，并且缺一不可，共同传达出长春市群众艺术馆所应具有的那份厚重和热烈。

孙 宇 2000 级

天津市建筑设计院设计三院方案创作所 所长

2005 年毕业于天津大学建筑学院，获工学学士学位
2014 年毕业于天津大学建筑学院，获工学硕士学位

2005 年至今任职于天津市建筑设计院

代表项目
中粮天津祥云名苑、祥云名轩 / 天津市解放南路地区城市设计

获奖项目
1. 南开大学迦陵学舍："海河杯"天津市优秀勘察设计奖建筑工程一等奖（2017）
2. 天津生态城国家动漫产业综合示范园 01-01 地块动漫大厦："海河杯"天津市优秀勘察设计奖建筑工程二等奖（2012）
3. 天津金融城津湾广场一期："海河杯"天津市优秀勘察设计奖建筑工程特等奖（2010）/ 全国优秀工程勘察设计行业奖建筑工程三等奖（2011）
4. 真理道甲 1 号经济适用房：全国优秀工程勘察设计行业奖住宅与住宅小区类三等奖（2011）/"海河杯"天津市优秀勘察设计奖住宅与住宅小区一等奖（2011）

天津生态城国家动漫产业综合示范园 01-01 地块动漫大厦

设计单位：天津市建筑设计院
业主单位：天津生态城动漫园投资开发有限公司

“海河杯”天津市优秀勘察设计奖建筑工程二等奖（2012）

设计团队：卓强、冯斌、孙宇、齐博、王凌君
项目地点：天津市
场地面积：78 356.1 ㎡
建筑面积：75 692 ㎡
设计时间：2009 年
竣工时间：2010 年

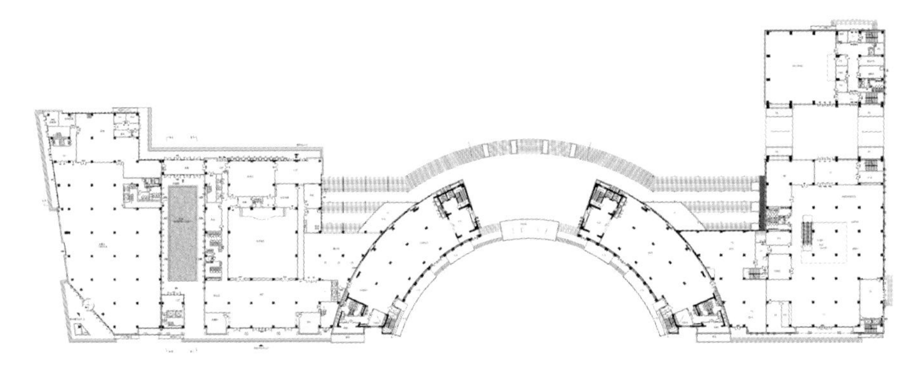

首层平面图

本工程设计以“绿色建筑金奖”为目标，设计师在方案设计阶段不但从传统的设计思路出发，进行周边环境分析、体量分析、功能分析，形象上考虑传统美学的虚实关系等，更重要的是在最初就根据绿色生态建筑的特点调整和协调整座建筑的各个方面，并且自始至终贯穿绿色建筑的设计理念。项目在节地、节能、节水、节材、室内环境质量、运营管理等方面均在满足《中新天津生态城绿色建筑评价标准》中强制项的前提下，尽可能满足优选项。

建筑外沿采用统一的材料和元素，并形成自己的特色，使建筑各个区块相互呼应。建筑群体内部有景观庭院，内院中局部退台形成种植屋面，共同构成了多层次的立体绿化景观，将绿色美景引入办公室内，同时保证了室内都有足够的光线与景观，功能和形态相互结合，布局合理。沿街一侧建筑体量变化丰富，通过建筑与各建筑间的相互渗透，增强了动漫园区主楼建筑的特性。

天津中粮大道祥云名苑

设计单位：天津市建筑设计院
业主单位：天津粮滨投资有限公司

设计团队：卓强、侯广明、孙宇
项目地点：天津市
场地面积：15 500 ㎡
建筑面积：92 900 ㎡
设计时间：2012 年
竣工时间：2015 年

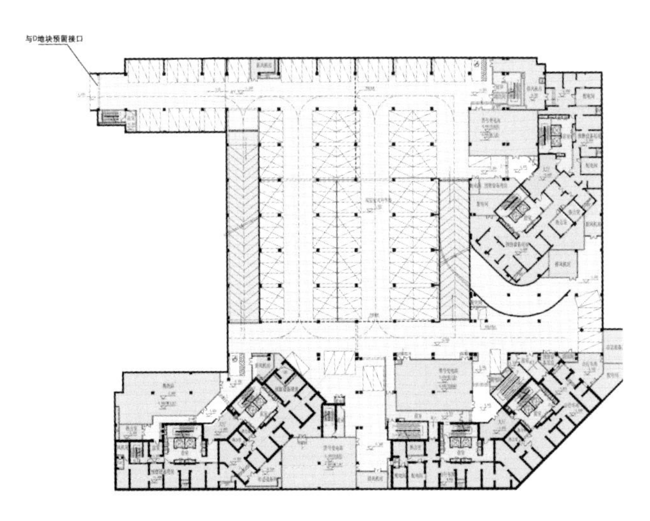

地下一层平面图

本项目位于天津市六纬路中央商务区，是区域内的居住功能区之一，主要功能为居住式公寓、商业区域及车库，容积率达到 6.0。居住式公寓部分为三栋超高层建筑，最高建筑高度达到 160 米。本项目旨在于城市中央商务区中为居住者提供配套完善、生活舒适的城市生活空间，并提升城市形象。项目地处中心城区，用地紧张、容积率较高，方案通过在首二层设置架空停车层，并在二层平台上设置公共花园，较好地解决了在城市中心区高密度条件下营造出舒适宜人的居住环境这一问题。同时折线的建筑体形既解决了居住建筑与超高层体形之间的问题，又化解了城市设计与居住建筑朝向要求之间的矛盾。最后在单体平面中，设计师通过规整的空间设计，为降低含钢量的同时提高精装品质提供了先决条件。该项目的实施极大地促进了该区域的发展，发挥了良好的经济、社会和环境效益。

周星宇 2000 级

华夏幸福基业股份有限公司产业新城集团天津区域事业部城市规划中心 总经理

2005 年毕业于天津大学建筑学院，获工学学士学位

2005—2011 年任职于天津市城市规划设计研究院愿景公司
2011—2012 年任职于滨海新区北塘管委会规划与国土管理部
2012—2017 年任职于天津市城市规划设计研究院愿景公司
2017 年至今任职于华夏幸福基业股份有限公司产业新城集团天津区域事业部城市规划中心

获奖项目
1. 天津市解放南路地区控规：天津市优秀城乡规划设计奖一等奖（2015）
2. 天津滨海新区北塘片区控规：天津市优秀城乡规划设计奖二等奖（2013）
3. 天津市东丽区新立示范镇安置区修详规：天津市优秀城乡规划设计奖三等奖（2013）
4. 天津解放南路 22 号地安置商品房修详规：天津市优秀城乡规划设计奖三等奖（2013）
5. 天津静海养老项目修详规：天津市优秀城乡规划设计奖三等奖（2013）
6. 天津滨海新区北塘小镇修详规：天津市优秀城乡规划设计二等奖（2011）/ 全国优秀城乡规划设计奖三等奖（2011）
7. 天津小站镇总体规划：全国优秀村镇规划设计奖二等奖（2009）/ 天津市优秀城乡规划设计奖一等奖（2009）
8. 厦门钟宅社城市设计：全国优秀城乡规划设计奖三等奖（2005）/ 天津市优秀城乡规划设计奖一等奖（2005）

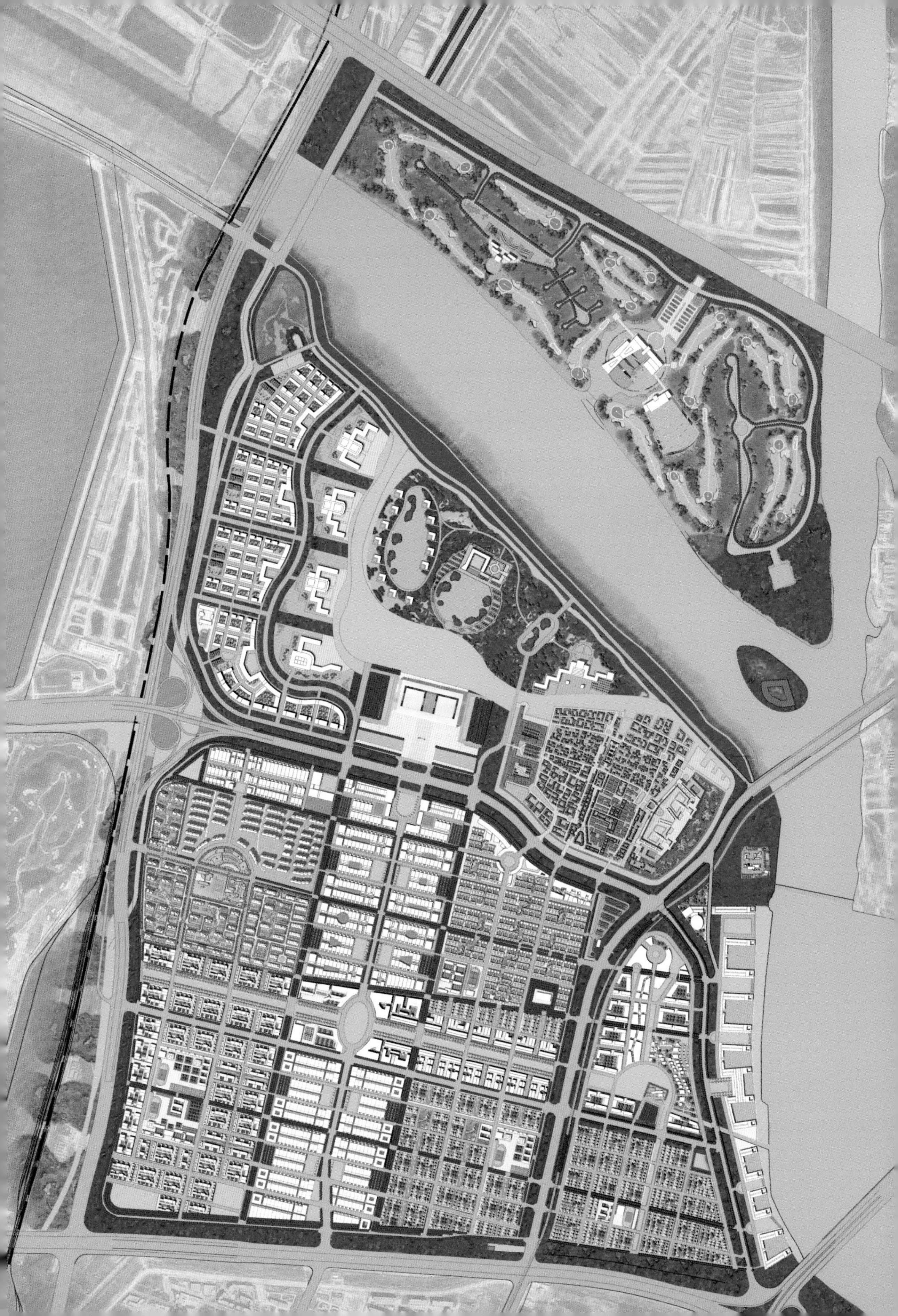

天津市滨海新区北塘片区控制性详细规划暨城市设计

设计单位：天津市城市规划设计研究院、华汇环境规划设计有限公司
业主单位：天津市滨海新区北塘经济区管委会

第四届国际城市化峰会新城市主义典范案例奖（2010）、建设部优秀规划设计奖三等奖（2011）、天津市优秀城乡规划设计奖二等奖（2011）、天津市优秀城乡规划设计奖二等奖（2013）

设计团队：周星宇、黄晶涛、黄文亮、马健、赵博阳、赵庆东、宋冠达、吴亮、黄韬文、栾鑫、李丹、史晶晶、郭志一、韩雪等
项目性质：城镇型控规及城市设计
项目地点：天津市
项目规模：10.3 km^2
设计时间：2009—2011 年
竣工时间：2012 年

该项目旨在建设一个“低层高密度”和“窄路密网”的新城市主义特色城区、“慢生活”特色小镇、第四届国际城市化峰会新城市主义典范案例以及“京津冀”战略桥头堡——滨海中关村科技园。北塘地处天津滨海新区核心区北部，北三河国家公园南侧，依河傍海，是天津北部生态廊道和滨海新区沿海城市发展轴的交会处，是滨海新区经济与生态双向建设的战略要地。此区域东起渤海海岸线，南至京津高速公路，西起塘汉快速路，北至永定新河，占地面积 10.3 平方千米。北塘对外交通便利，是京津高速进入滨海新区的北门户，距北京一小时车程；周边有多条高速路、快速路，轻轨 Z2、Z4 线在北塘设有枢纽站，与滨海新区核心城区及天津中心城区有着便利的交通联系。北塘生态资源突出，周边有北塘水库、东丽湖、黄港水库，共同构成天津北部的生态湿地廊道，景观优美，生态条件得天独厚。

汪瑞群 2000 级

上海原构设计咨询有限公司 合伙人
第一工作室总监

2003 年毕业于天津大学建筑学院，获工学硕士学位

1996—2000 年任职于天津市建筑设计院
2004—2005 年任职于北京 EDSA 东方环境景观设计研究院有限公司
2006 年任职于美国马萨诸塞州 Douglas Okun Associates
2006—2009 年任职于美国马萨诸塞州 Levi + Wong Design Associates
2009—2011 年任职于中建国际设计顾问有限公司（CCDI）上海分公司
2011 年至今任职于上海原构设计咨询有限公司

代表项目
昆山市人民南路商业及住宅综合体昆城景苑大会所 / 昆山市人民南路商业及住宅综合体 / 昆城景苑小会所 / 济南万科城 / 济南金域国际九年一贯制学校 / 吉林万科城实验小学 / 上海光启文化研究中心

获奖项目
1. 绍兴会稽山旅游度假区产权式度假酒店：第十二届金盘奖华东地区年度最佳酒店（2017）
2. 中国吴江旗袍小镇：国际建筑师设计大赛三等奖（2016）

昆城景苑小会所

设计单位：上海原构设计咨询有限公司
业主单位：崇邦集团

设计团队：汪瑞群、高瀛东、苏凌、时俊霞、杨浩、和丁丁
项目地点：江苏省昆山市
场地面积：2 400 ㎡
建筑面积：2 100 ㎡
设计时间：2012—2013 年
竣工时间：2014 年

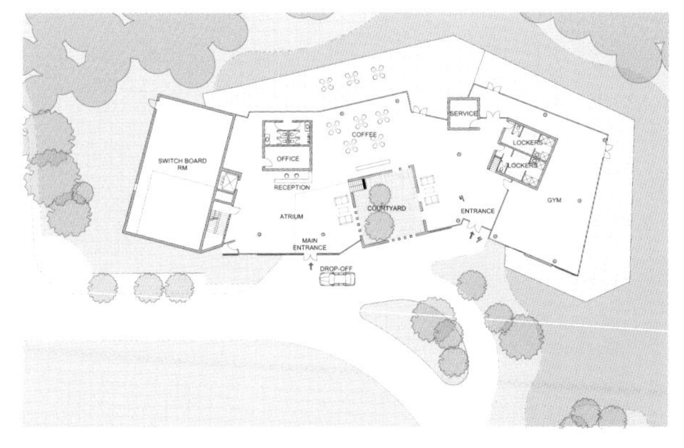

首层平面图

昆城景苑小会所与大会所同属昆城景苑，是一个小规模住宅会所。业主对功能要求有较大弹性，因此可以灵活运用连续空间。

设计采用一个折线形的坡屋面覆盖两层建筑，坡屋面由三组相互并不平行、尺度也不相同的两坡屋顶以勾连搭的方式连接，坡度较缓，屋面有些扁平且尺度过大。于是设计师将若干方形室外庭院安插在屋面上，二层的室外露台空间皆对应一层的服务空间，其中最大的庭院（9 米 x9 米）作为核心庭院，是两层高的室外空间。

屋顶和庭院的布置看上去有一定的随机性，露台庭院周边的外墙也随不同角度的切挖形成不同高度的山墙和檐墙，墙面施以白色，开简单窗洞，和坡顶组合在一起，构成了一组南方乡村民居组团的意象。

绍兴会稽山旅游度假区

设计单位：上海原构设计咨询有限公司
业主单位：秦森集团

第十二届金盘奖华东地区年度最佳酒店（2017）

设计团队：汪瑞群、高瀛东、苏凌、王建昌
项目地点：浙江省绍兴市
场地面积：105 643 ㎡
建筑面积：87 786 ㎡
设计时间：2014—2015 年
竣工时间：2015 年

绍兴会稽山品臻园产权式度假酒店群地处绍兴会稽山，项目定位是以浙江民居为原型的现代中式空间。在业主追求人文特色的支持下，群组的规划形态趋向于江南自然生长的传统村落，通过院墙的划分和屋顶的错落关系加强村落的效果。建筑设计方面塑造了比较内向的院落空间，尽量压缩公共空间和入口空间，加大庭院，用围墙将庭院与街道隔开，营造进入门户后感觉豁然开朗的私属空间。由于项目需要移建 22 幢传统木构民居，设计通过院落的组织将其民居植入整个建筑群，使其与新建部分保持良好对话，也增强了群体的村落效果。

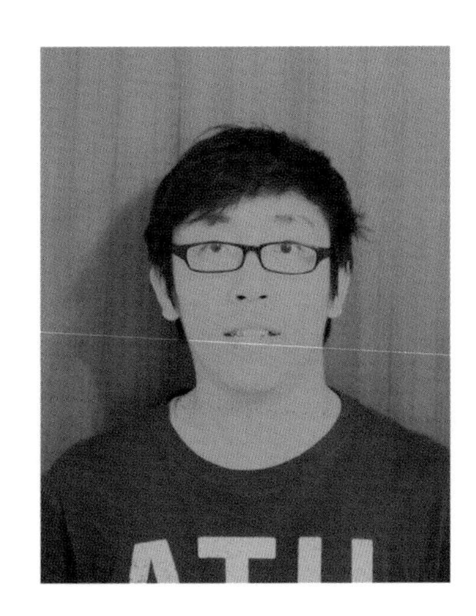

阎 明 2000 级

天津大学建筑设计规划研究总院 设计二院副院长

2005 年毕业于天津大学建筑学院，获建筑学学士学位

2007 年至今任职于天津大学建筑设计规划研究总院

代表项目
华北理工大学迁安校区（合作）/ 济宁孔子学校

获奖项目
1. 河大大厦（合作）："海河杯"天津市优秀工程勘察设计奖三等奖（2014）
2. 信阳师范学院社科楼（合作）：教育部优秀工程勘察设计奖三等奖（2013）

晋中学院新校区综合教学楼

设计单位：天津大学建筑设计规划研究总院
业主单位：晋中学院

设计团队：阎明、高伦等
项目地点：山西省晋中市
场地面积：23 400 m²
建筑面积：32 669 m²
设计时间：2011 年
竣工时间：2014 年

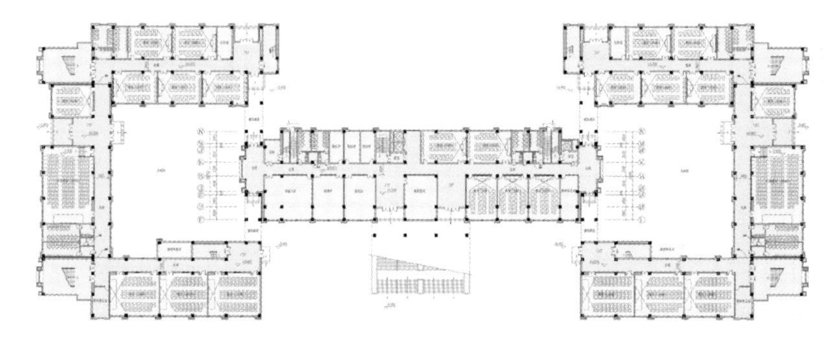

首层平面图

本方案的造型创意从不同尺度均能做到与功能的细节有效呼应，也为方案的完成度提供了保证。设计从建筑的空间组织、造型特征和细部创意都围绕对山西元素的精炼与提升，依据大处着手、小处着眼的方法，以体量—层次—细部的层次逐级展开。面对横长方形的地块，方案要使建筑规模最大化，并实现建筑布局的合理化。设计建立起“边”和“心”的优化关系，采用两个半围合式庭院的平面形体，以北、东、南三面的高贴线率，尽可能保证建设规模，实现边界效应的最大化，以保证从四面八方赶来上课的师生能够以最短的距离进入建筑，这是增强公共性最重要的一点。主楼两侧延展出两个情趣盎然的院落。北裙房三层主要设置容纳百人以上的中型教室，走廊宽敞，并穿插交往空间，呼应优美的院落景观。南裙房四层主要布置 60 人小教室。主楼与裙房之间通过飞廊相连，形成闭合的流线，最大可能地实现交通的便捷。

王明竹 2001 级

美国 W&R 国际设计集团哥鲁科（上海）建筑规划设计有限公司 董事、副总经理
中国注册城市规划师
美国 AIA 会员

2006 年毕业于天津大学建筑学院，获工学学士学位

2006—2007 年任职于中建国际（深圳）设计顾问有限公司
2007—2009 年任职于澳大利亚布莱利城市设计事务所
2009—2010 年任职于上海天华建筑设计有限公司
2010 年至今任职于美国 W&R 国际设计集团哥鲁科（上海）建筑规划设计有限公司

获奖项目

1. 潍坊市高新区全域国际化城市设计：国际竞赛第一名（2017）
2. 新疆维吾尔自治区昌吉准东西部新城城市设计：国际竞赛第一名（2016）
3. 威海东部滨海新城逍遥小镇：国际竞赛第一名（2015）
4. 剑门蜀道（四川广元段）总体策划及概念规划：国际竞赛第一名（2013）
5. 蓬莱市人工岛填海工程：国际竞赛第一名（2011）

威海东部滨海新城逍遥小镇

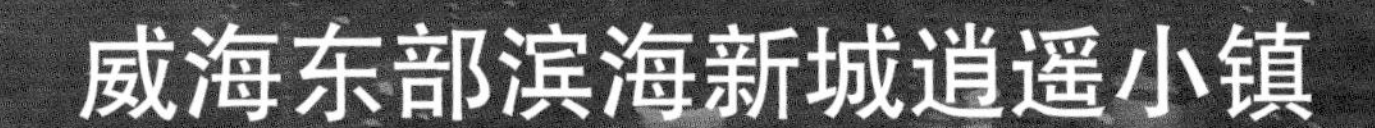

设计单位：美国 W&R 国际设计集团、上海合城规划建筑设计有限公司
业主单位：威海市城市开发投资有限公司

设计团队：王明竹、Alexandra Lazarescu、Mladen Durkovic、阮梦维、曾筱越
项目地点：山东省威海市
项目规模：217 000 ㎡
设计时间：2015 年

海草石屋作为胶东半岛的一种民间建筑风格在规划范围内的村庄中有少量遗存，但建筑质量较差。关于建筑遗产的传承问题，不建议采用假古董的做法，去重新建造这些海草石屋，一方面是现有海草材料的欠缺；另一方面是需要适应现代建筑功能的演进。

通过研究世界各地相同纬度的滨海区域，会发现很多海草石屋在民间已经得到传承与发展。规划布局仍然以人性化的高密度、低高度的肌理形成特色小镇风貌，建筑设计传承海草石屋的“神”，采用新材料、新技术，以广泛存在于胶东半岛的麦秸为原材料，压缩后用于屋顶甚至墙面。这解决了海草欠缺、成本高以及动物破坏等问题，同时具有大空间、冬暖夏凉等优势。

潮州市仙洲岛发展规划与城市设计国际竞赛

设计单位：美国 W&R 国际设计集团哥鲁科（上海）建筑规划设计有限公司
业主单位：潮州市城乡规划局

设计团队：王明竹、Mladen Durkovic、阮梦维、刘天骏、张雅琪、陈娜、李晓阳、杨迪、付顺鹏、周超
项目地点：广东省潮州市
项目规模：2.8 km^2（岛屿面积 1.5 km^2）
设计时间：2017 年

设计师的目标是将仙洲岛打造成中国首个现代规划的无机动车区。

仙洲岛是潮州韩江的江心洲，韩江西侧是潮州主城区，东侧是即将开发的韩江新城。在 3 平方千米宁静的仙洲岛上，北有韩江大桥与两岸衔接，南面的潮州大桥也即将通车，当地政府正在拓宽仙洲岛环岛路——城市化的巨轮滚滚而来。

通过调研，设计师惊喜地发现潮汕文化在潮州依然拥有蓬勃的生命力。设计师希望仙洲岛不仅仅是连接潮州新旧城区的空间上的纽带，还是在快速建设中连接城市与人们生活的纽带、连接潮州历史与现代人文的纽带、连接世界潮人与故乡的纽带。

想象这样的画面：在 1.5 平方千米的仙州岛，没有机动车的嘈杂，孩子们在街道上尽情地奔跑，老人在路边悠然地喝茶；2.5 千米长的纽带展现潮州的生机与活力，从旧城到韩江新城只需要 15 分钟慢跑的距离，将步行廊道与商业休闲、文化展览、运动健身相结合，这里将是中国首个现代规划的无机动车区。

蓬莱市人工岛填海工程

设计单位：美国 W&R 国际设计集团
业主单位：蓬莱市住房和规划建设管理局

设计团队：王明竹、Jorge、赵丰城、吴蓓
项目地点：山东省蓬莱市
项目规模：6 700 000 ㎡
设计时间：2011 年

6.7 平方千米的填海面积，每个岛约 3 平方千米，在这样的尺度上，功能必将是复合的，设计的核心理念就是保证人工岛的自我完善，尽可能减少对陆域的依赖。每个复合型的人工岛都具有商业商务、居住生活、旅游度假、文化教育等多样化的设施，可以认为这个岛就是一个具有海洋文化特色的小城镇。

作为离岸人工岛，对外交通连接是很重要的问题。首先通过人工岛功能的复合与自我完善减少跨海大桥的交通压力；其次是除了跨海大桥，以游艇、摆渡船等多样化的水上交通方式作为补充。

填海项目对于洋流和海洋生态的改变是设计方一直关注的问题，设计师通过与交通运输部天津水运工程科学研究院的合作，建立数据模型和 1:1 的实体模型进行详细研究，最终选择了最优的岸线形式，并打通内海外海连接的四条通道，对海洋生态的影响降到最低。

张白石 2001 级

天津市城市规划设计研究院愿景公司 规划二部部长

2006 年毕业于天津大学建筑学院，获工学学士学位
2013 年毕业于天津大学建筑学院，获博士学位

2013 年至今任职于天津市城市规划设计研究院

代表项目
大运河天津段建设总体规划 / 大运河武清段建设实施方案 / 武清区北运河综合景观规划设计 / 大运河静海段村镇发展综合规划 / 东丽区郊野公园景观规划设计 / 滨海新区中心商务区分区规划实施评估 / 南开区总体城市设计 / 南开西营门地区城市设计 / 国家会展中心周边地区城市设计 / 浙江宁波象山县渔山岛保护与整治规划

获奖项目
1. 天津环城铁路绿道公园规划：全国优秀城乡规划设计奖（城市规划类）一等奖（2015）/ 天津市优秀城乡规划设计奖一等奖（2015）
2. 天津新八大里地区城市设计：全国优秀城乡规划设计奖（城市规划类）二等奖（2015）/ 天津市优秀城乡规划设计奖一等奖（2015）
3. 天津解放南路周边地区城市设计：全国优秀城乡规划设计奖（城市规划类）三等奖（2013）/ 天津市优秀城乡规划设计奖一等奖（2013）
4. 漳州郊野公园规划设计：福建省优秀城乡规划奖一等奖（2013）
5. 天津市北郊生态公园一期规划设计：天津市优秀城乡规划设计奖二等奖（2013）/ 天津市优秀工程咨询成果三等奖（2013）

禁止捕鱼
NO FISHING
禁止游泳

福建漳州郊野公园景观规划设计

设计单位：天津市城市规划设计研究院愿景公司、
中国城市建设研究院无界景观工作室
业主单位：漳州市城乡规划局

福建省优秀城乡规划奖一等奖（2013）

设计团队：张白石、黄晶涛、谢晓英、赵越、冯旭臣、
韩雪、索亚棠、雷旭华、李萍、颜冬冬
项目地点：福建省漳州市
项目规模：100 km^2
设计时间：2011 年
竣工时间：2011 年（一期示范段）

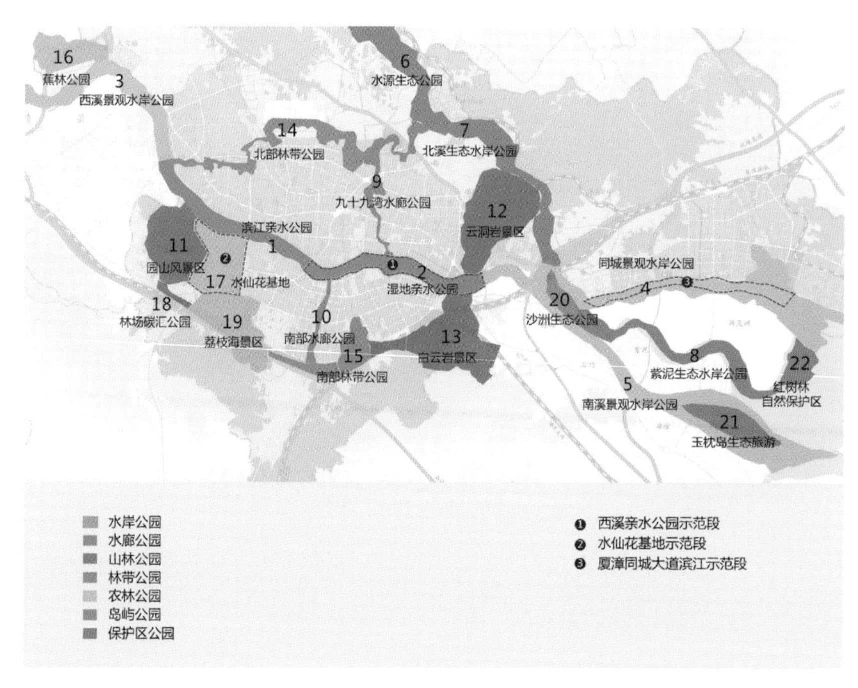
16
蕉林公园
3
西溪景观水岸公园
6
水源生态公园
7
北溪生态水岸公园
14
北部林带公园
9
九十九湾水廊公园
12
云洞岩景区
11
园山风景区
1
滨江亲水公园
2
湿地亲水公园
17 水仙花基地
同城景观水岸公园
4
18
林场碳汇公园
19
荔枝海景区
10
南部水廊公园
15
南部林带公园
13
白云岩景区
20
沙洲生态公园
8
紫泥生态水岸公园
22
红树林
自然保护区
5
南溪景观水岸公园
21
玉枕岛生态旅游
水岸公园
水廊公园
山林公园
林带公园
农林公园
岛屿公园
保护区公园
❶ 西溪亲水公园示范段
❷ 水仙花基地示范段
❸ 厦漳同城大道滨江示范段

分区平面图

漳州市位于中国东南沿海，拥有丰富的生态资源，是区域著名的“鱼米花果之乡”。但是在快速的城市化进程席卷之下，漳州的城市发展也面临着压力与挑战，经历了千篇一律的城市化，无限制的蔓延扩张使自然环境退化，以致最终丢失了立市之本。在深入调研、多方探讨和大量分析研究的基础上，设计团队提出了以绿廊连接城市内部原有的被隔断的生态斑块，通过设计协调人与自然的关系，形成一个连续有机的郊野公园系统，打造漳州市城市发展的空间架构。设计通过制定生态优先的城市化发展路径，增强了生态多样性，提升了人们的生活品质，保护了漳州的自然环境，创新性地尝试了一条城市发展的新途径。

张 男 2001 级

中国建设科技集团上海中森建筑与工程设计顾问有限公司 总建筑师
止境设计工作室主持建筑师
上海市建筑学会理事及学术部委员
ICOMOS（国际古迹遗址理事会）国际会员
教授级高级建筑师
国家一级注册建筑师

2004 年毕业于津大学建筑学院，获工学硕士学位

1990—2001 年任职于济南市建筑设计院
2004—2015 年任职于中国建筑设计研究院有限公司本土设计中心（崔愷工作室）
2015 年至今任职于中国建设科技集团上海中森建筑与工程设计顾问有限公司

代表项目
张家港金港文化中心 / 北京邮电大学沙河校区学生活动中心 / 湖南永顺老司城遗址博物馆 / 湖南永顺老司城遗址游客中心 / 上海中森园区木渎书屋

湖南永顺老司城游客中心

设计单位：中国建筑设计研究院有限公司本土设计中心
业主单位：湖南永顺县老司城开发经营有限责任公司

设计团队：崔愷、张男、李喆、周力坦、高治、李爽、顾建英、
何相宇、曹永超、李维时、董超、钟晓辉、马任远、张景华、
项目地点：湖南省永顺县
场地面积：39 825 m²
建筑面积：3 200 m²
设计时间：2014 年
竣工时间：2016 年
摄影：孙海霆

湖南永顺老司城游客中心是老司城遗址博物馆的后续项目，在遗址保护区周边盖房子，基调应该是内敛的。处理游客中心与周边环境道路的关系以及如何与相邻的博物馆和现有村落建立起密切联系，成为设计的基本出发点。考虑到当地有限的建造水平，设计以朴素、低技的方式介入，希望游客中心像当地民居一样能够真正地融进大山的血脉。当然现代建筑技术与材料的使用对于大山来说无疑是新鲜的，因此项目一种有别于传统民居村落的熟悉感和陌生感油然而生。

在总体布局上，游客中心摒弃了单一的大体量，而是把功能切分，形成几组相邻的建筑，同时使松散的建筑群落有一种随机生成的自然感，从而与周边村落前后搭接、从容相伴。

在此项目中，设计师对于生活空间以及建造技术的延续性的思考先于对材料和形式的思考。在游客中心的建造中，设计依旧考虑博物馆对地域性材料与传统手工艺的要求，除了以可快速装配、且受力方式接近的钢结构来替代传统木结构之外，在卵石墙体的砌筑、竹格栅安装的基础上，拓展了屋面小青瓦的做法和立面竹板的安装方式。

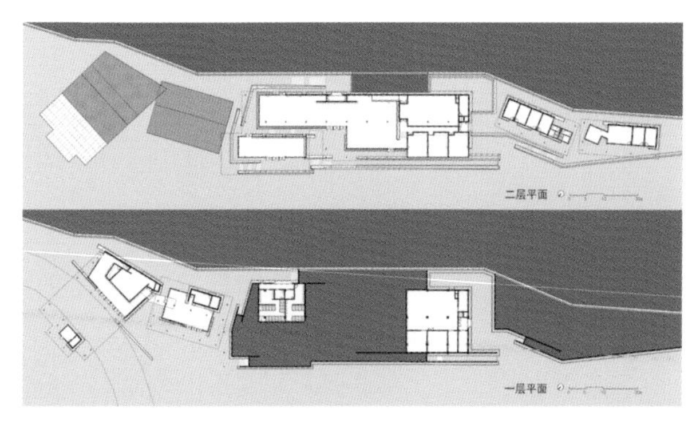

平面图

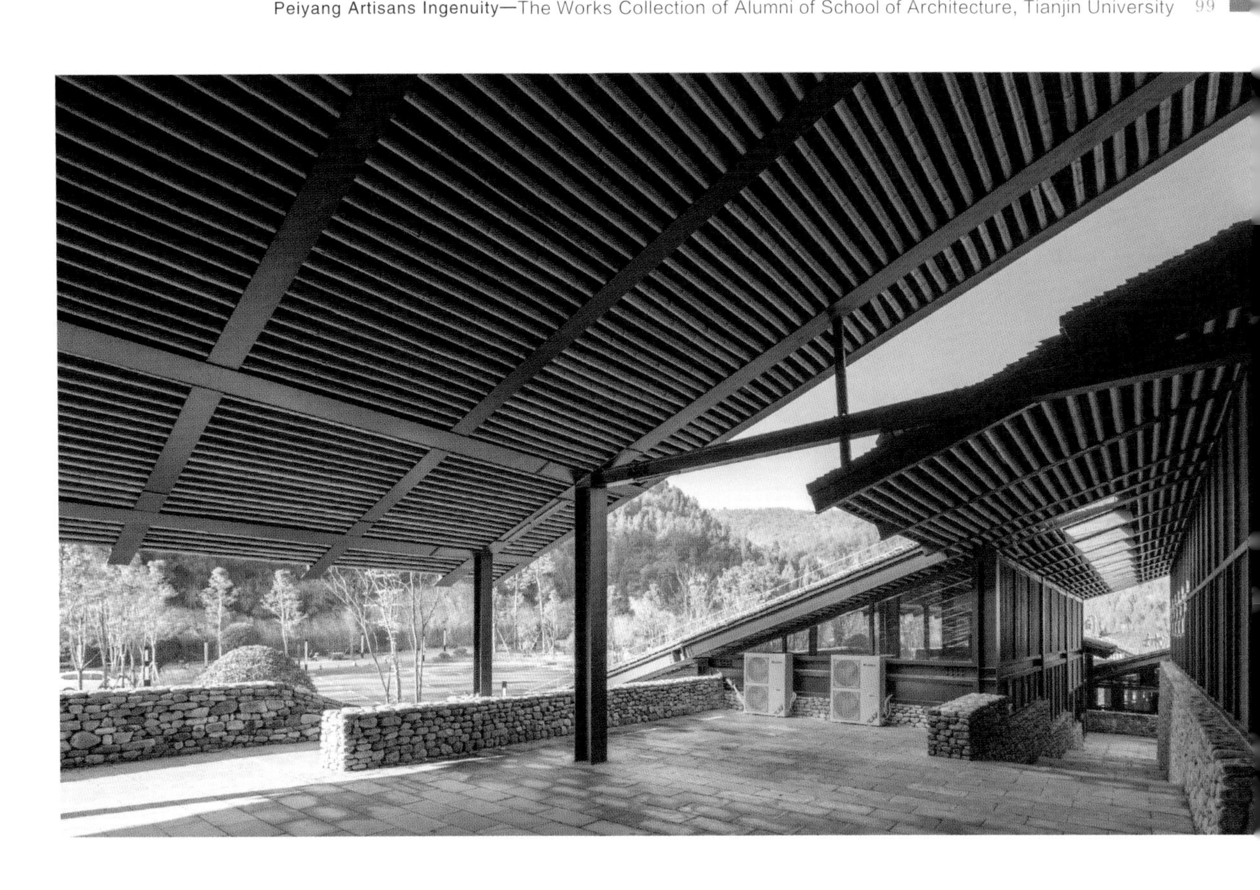

湖南永顺老司城遗址博物馆

设计单位：中国建筑设计研究院有限公司本土设计中心
业主单位：湖南永顺县老司城遗址管理处

北京市优秀工程设计奖综合一等奖（2017）

设计团队：崔愷、张男、朱巍、李喆、高治、
张淮勇、李维时、董超、钟晓
项目地点：湖南省
场地面积：87 313 ㎡
建筑面积：5 400 ㎡
设计时间：2013 年
竣工时间：2015 年
摄影：孙海霆

建筑外观与山形地势交融为一体，层层台地的堆叠是处理山地建筑的常用手段，便于构筑场地和拓展活动空间，同时有着乡土气息浓厚的稳定感，另外显而易见的是，博物馆与老司城遗址有着明显的空间与建构上的关联性，强化了缘起于自然地势的山城遗址的特殊景观印象。

建筑外墙的材料以河卵石垒石墙（钢筋混凝土组合墙体）为主，重点区域用木构或仿木钢结构作为提示性的装饰元素。建筑整体较为封闭，但是入口门厅、游客休息厅、村民小卖部等非展览区域则适当敞开，体现了游走路线的节奏感，有心理调剂的作用。

覆土植草屋面、木构架上的爬藤植被以及场地铺砌的小河卵石，就地取材，造价低廉，均与周边茂密的植被树木构成更大范围的“地景”，使建筑与环境的界限更为模糊，也更容易获得协调感。

曹胜昔 2002 级

中国兵器工业集团北方工程设计研究院有限公司 副总经理
石家庄长安区第十五届、第十六届人大代表
享受河北省政府特殊津贴专家
国家一级注册建筑师
正高级工程师
中国建筑学会资深会员
河北建筑工程学院及石家庄铁道大学硕士研究生导师

2005 年毕业于天津大学建筑学院，获建筑与土木工程硕士学位

1995 年至今任职于中国兵器工业集团北方工程设计研究院有限公司

个人荣誉
河北省“三三三人才工程”第二层次人选
中国建筑学会第九届青年建筑师奖

代表项目
东光集团长春高新区出口基地 / 北京车道沟十号院 / 中国兵器工业信息化产业基地 / 国家陆地搜寻与救护基地 / 河北省翠屏山迎宾馆 / 河北省纪委、石家庄市纪委廉政教育基地 / 河北省第一届园林博览会主展馆 / 河北省质量技术监督局 / 中商大厦 / 六九硅业消防站

获奖项目
1. EPS 模块现浇混凝土剪力墙建筑构造 : 河北省优秀工程勘察设计奖一等奖 (2017)
2. 复合聚苯阻燃保温板应用技术研究 : 河北省建设行业科学技术进步奖一等奖 (2016)
3. 东光集团长春高新区出口基地 : 兵器部级一等奖 (2013)
4. 西柏坡红色盛典景区项目申请报告 : 河北省优秀工程咨询成果奖一等奖 (2013)
5. 河北省质量技术监督局 1 号建筑物 : 河北省优秀工程勘察设计奖一等奖 (2012)
6. 异型高耸钢框筒一混凝土剪力墙混合结构整体性能及施工关键技术研究 : 河北省建设行业科学技术进步奖一等奖 (2012)
7. 中国兵器工业信息化产业基地 : 兵器部级一等奖 / 中国建筑学会优秀工业建筑设计奖一等奖 (2011)
8. 北京车道沟十号院项目 : 兵器部级一等奖 (2010)

中国兵器工业信息化产业基地项目

设计单位：北方工程设计研究院有限公司
业主单位：中国兵器南京北方信息产业集团有限公司

项目地点：江苏省南京市
场地面积：301 300 m²
建筑面积：218 245 m²
设计时间：2007 年
竣工时间：2009 年

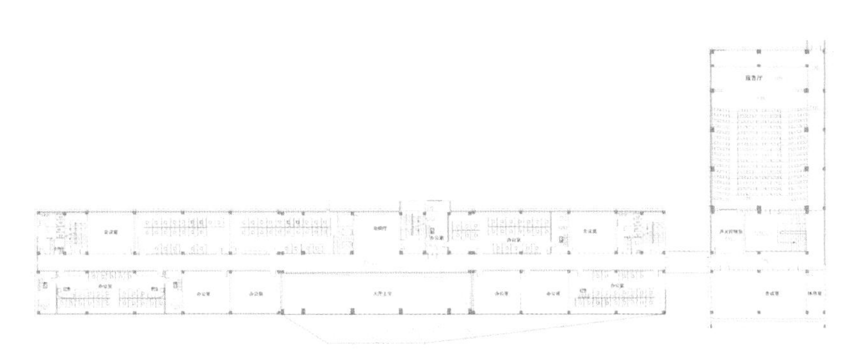

办公楼平面图

项目以简洁典雅的布局、富有江南园林韵味的环境设计充分体现了南京的地域文化和本土特色。建筑围绕保留的湿地与贯穿场地南北向的楔形绿地，形成自然的空间分隔。厂房的建筑设计遵循“实用、精致、精确”的原则，其作为典型的工业建筑，功能性极强。建筑造型设计以水平向延展的线条为主要处理手法，局部采用少量折面玻璃点缀其间，成为光电产品的隐喻符号，穿插其间的蓝色装饰线条取色于兵器集团的标志主色。

范思哲 2003 级

福建省城乡规划设计研究院 莆田分院院长
总院园林所副所长

2007 年毕业于天津大学建筑学院，获文学学士学位

2007 年至今任职于福建省城乡规划设计研究院

个人荣誉
“十一五”福建省建筑行业优秀工作者（2006 —2011）

代表项目
福州市闽侯沙滩公园

获奖项目
1. 福州闽江北岸休闲生态公园景观概念详细规划设计：福建省优秀城乡规划设计奖二等奖（2015）
2. 三明市区悬索桥—列东大桥（东岸）景观工程设计：福建省优秀工程勘察设计奖三等奖（2015）
3. 福建省绿道网总体规划设计：福建省优秀城乡规划设计奖一等奖（2013）
4. 西藏自治区林芝工布映象景观工程设计：福建省优秀工程勘察设计奖二等奖（2013）

福州市闽侯沙滩公园

设计单位：福建省城乡规划设计研究院
业主单位：闽侯县城市建设投资有限公司

设计团队：范思哲、李川、陈小宇、罗翼
项目地点：福建省福州市
场地面积：300 000 ㎡
建筑面积：500 ㎡
设计时间：2015—2016 年
竣工时间：2017 年

项目依托沿江分布的多块生态环境良好的湿地以及大量果林、沙滩等资源优势，在功能分区上设置五大景观功能区，采用“恢复＋承启”的手法，恢复古渡、渔港、渔船、沙滩、草甸、湿地、果林的景观意境，承启闽侯打造“生态宜居江滨城”的发展目标，继承和弘扬传统文化，留住乡愁，打造人文景观地标；建构望得见山，看得见水，融城市、生态、传统文化于一体的可赏、可游、可憩的江滨公园。

宋宇辉 2003 级

中国中建设计集团有限公司总部设计四院 总建筑师
北京交通大学联合人才培养导师

2006 年毕业于天津大学建筑学院，获工学硕士学位

2006—2010 年任职于北京市建筑设计研究院有限公司 2A2 工作室
2010 年至今任职于中国中建设计集团有限公司

代表项目
文冠庄园展示中心 / 王阳明墓园 / 长白山滑冰馆 / 海峡文化中心 / 中国人寿健康体验中心

获奖项目
1. 敖包山公园：中国建筑学会建筑创作奖银奖（2016）
2. 唐山大剧院：中国建筑总公司优秀勘察设计二等奖（2014）

敖包山公园

设计单位：中国中建设计集团有限公司、北京普莱茵建筑规划设计有限公司
业主单位：内蒙古文冠庄园农业科技发展有限公司

中国建筑学会建筑创作奖银奖（2016）

设计团队：宋宇辉、冯文娜、陈洁、朱成辉
项目地点：内蒙古自治区敖汉旗
场地面积：5 000 ㎡
设计时间：2013 年
竣工时间：2015 年

公园选址在敖汉旗黄羊洼村中部的敖包山上，山体占地面积 25 000 平方米，是空旷草原中的最高点。这是一个集科普公园、露天纪念馆和冥想空间于一身的新农村景观。敖包山山体 90% 由石块组成，只有表面覆了很薄的土壤，是个名副其实的“石头山”。为了尊重山体的自然坡度，设计取势于山、顺势原脉、融合自然的同时给予游客观察自然的机会，并且兼顾了当地牧民午休、歇脚及饮水的实际需求。

除了三个大体量的景框，公园内还有一系列小景框与之呼应。路径和其旁的土壤构成了若干个小盒子，这些小空间承载了展示历史、科普文化的功能。行人游走其中，首先视野会注意到地面之上的展示之窗，它们是震撼的。而这些匍匐在砾石之上的小盒子又拉近了人们和展示物的关系。 这种冲突既丰富了视觉效果，也会给人不同的空间感受。大与小的冲突结合、窗内外的自然转换、山体与建筑的融合，营造了“历史就在脚下，你就行走在历史之中”的氛围。

文冠庄园研发中心

设计公司：中国中建设计集团有限公司
业主单位：内蒙古文冠庄园农业科技发展有限公司

设计团队：宋宇辉、张政、冯文娜、董伟星、朱成辉
项目地点：内蒙古自治区敖汉旗
场地面积：9 475 ㎡
建筑面积：3 410 ㎡
设计时间：2013 年
竣工时间：2016 年

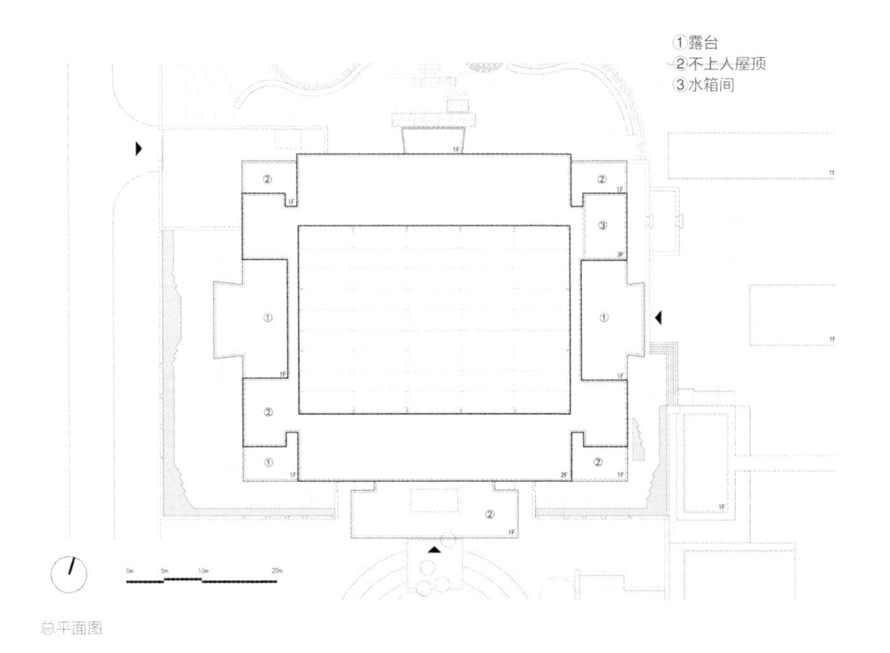

总平面图

项目用地原为当地村委会，建筑围绕阳光中庭展开，中庭内布置了一个镜框式舞台，唤醒人们此区域之前作为村委会集散广场的回忆，并与项目西侧一千米外的标志性景观敖包山公园形成呼应。建筑室内外材料的选用与当地原居民文化有着深厚渊源的耐候钢板、柳条编以及夯土饰面等。建筑南北两侧分别布置两处园林，南园以当地的碎石铺装和矮墙为主，突显主入口的形象，北园以当地绿化植物为主，营造出一个大漠绿洲般的后花园。

项目尝试用现代的设计语言来阐述设计本身，材料来自于敖汉当地。整座建筑以石筑墙，是向敖汉上古先民致敬；以钢为材，是向镔铁的契丹致意。在室内的部分屋顶及屏风设计中，设计师还巧妙运用了蒙古族特有的“柳条编”技术，这是一种蒙古族工匠独特的匠作之法。施工队与当地工匠反复进行实验，对柳条先泡药水防腐，再刷清漆防蛀，巧妙地解决了柳条作为建筑材料的几个缺陷。设计方采用夯土效果的装饰涂料，也是对残留的村庄夯土墙的一种追忆——从传统造房技艺中汲取精华，让建筑在某些特定的环节出现古法技艺。

常 可 2004 级

office PROJECT 普罗建筑研究所 主持建筑师
荷兰注册建筑师
北京建筑大学客座教师
合社青年民宿社区联合创始人

2009 年毕业于天津大学建筑学院，获工学学士学位
2012 年毕业于荷兰代尔夫特理工大学，获建筑学硕士学位

2011—2012 年任职于荷兰 City Forster 都市联盟鹿特丹分部
2012—2015 年任职于中国建筑设计研究院建筑院第七工作室
2015 年至今任职于 office PROJECT 普罗建筑研究所

个人荣誉

ICONIC AWARD 德国标志性建筑设计奖优胜奖（2017）
DFA AWARD 亚洲最具影响力设计大奖铜奖（2017）
谷得网 20 位新锐设计师代表（2016）
有方北京 10 位新锐建筑设计师代表（2016）

代表项目

留云草堂 / 猪八戒网天津总部 / 合社青年度假社区 / 第五空间国际青年公寓北京分店建筑及室内改造设计 /YOU+ 国际青年社区深圳坂田社区改造 / 扬州壹点国际文化创意园 / 潮汐办公空间 / 内蒙古卓资文化中心 / 啤酒箱小卖部 / 加纳国土资源部大楼

留云草堂

设计单位：office PROJECT 普罗建筑研究所
业主单位：个人

设计团队：常可、李汶翰、张昊，赵建伟，谢东方，崔岚
项目地点：北京市
场地面积：1 200 ㎡
建筑面积：800 ㎡
设计时间：2016 年
竣工时间：2016 年

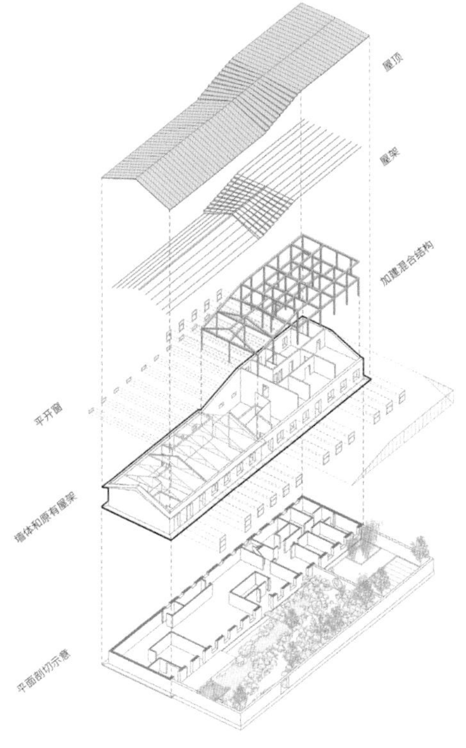

轴测图

工作室的基本功能由工作室、茶室、卧室、书房构成。基地是典型的条状坡屋顶砖砌厂房，之前作为工厂办公楼使用。厂房高度约 6 米，屋顶为三角形钢桁架结构，整体保存状况良好。

项目在功能上需要一个油画室和一个国画室，两个画室是分开的，要有不同氛围和场景。面对任务要求，设计的切入点是“透视”这个典型的东西方绘画最大的不同点。

由于厂房的周围被大量林地包围，所以设计师把卧室和书房设置在二层，这样主人就能欣赏到窗外美景；在加高的部分植入新的秩序来回应新的需求，采取了变坡的处理方式。这一方面是因为高起的二层没必要再采用坡屋顶，这样会让高度过高，显得突兀；同时无法让加建部分和原有厂房形成某种区分和对话关系。透视的主题也由这个外在的形式暗示扩展到了二层。另一方面，变坡是对传统意境的一种转译。在雨天，雨水落在由缓及陡的屋顶上，自由地洒向院子。

徐宗武 2004 级

中国中建设计集团有限公司直营总部 总建筑师
徐宗武总建筑师工作室 主持建筑师
高级建筑师
国家一级注册建筑师
天津大学建筑学院工程硕士企业导师
北京交通大学兼职教授、硕士生导师
北京建筑大学建筑学硕士生导师
河北建筑工程学院建筑设计及其理论硕士生导师
《建筑技艺》杂志常务理事
《新建筑》杂志理事
北京土木建筑学会理事
智慧城市（国家科技部、住建部联合评定）部级评审专家
中化集团专家库专家
河北省张家口市规划委员会评审专家

2009 年毕业于天津大学建筑学院，获工学博士学位

1995—1999 年任职于河北省廊坊市建筑设计院
2009 年至今任职于中国中建设计集团有限公司

代表项目
唐山会展中心 / 福州海峡文化中心

获奖项目
1. 唐山国际南湖会展中心：建筑方案设计一等奖（2016）
2. 福建海峡文化艺术中心：建筑方案设计一等奖（2016）
3. 唐山大剧院建设工程项目：施工图竞赛建筑专业二等奖（2015）、中国建筑股份有限公司优秀方案二等奖（2014）
4. 中建股份有限公司技术中心实验楼改扩建工程：住建部全国绿色建筑创新二等奖（2015）、建筑科技双金奖（2014）
5. 中建股份有限公司林河综合实验楼：全国人居经典建筑方案竞赛建筑科技双金奖（2014）

唐山会展中心

设计单位：中国中建设计集团有限公司
业主单位：唐山东方房地产集团有限公司

设计团队：徐宗武、肖冰、万家栋、邓静静、李静、王锦辉、熊泽霖、顾工
项目地点：河北省唐山市
建筑面积：94 350.64 ㎡
设计时间：2014—2015 年
竣工时间：2016 年

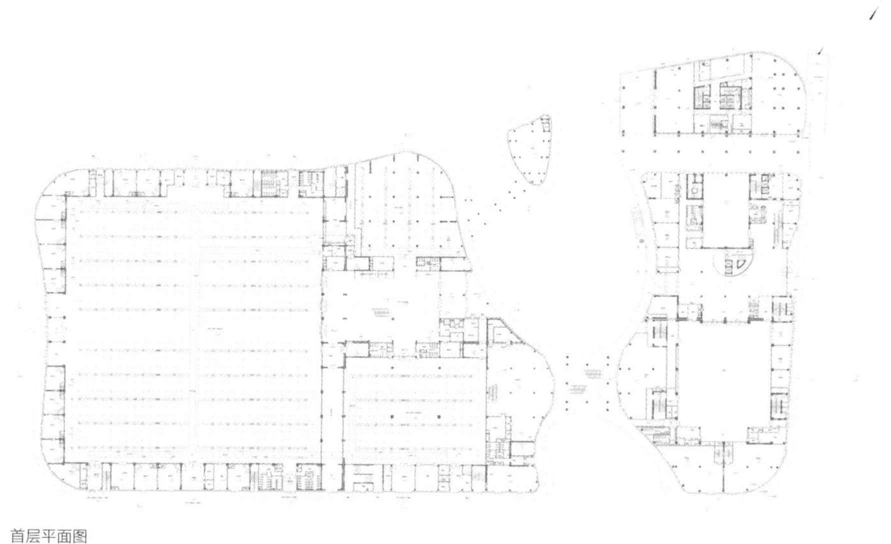

首层平面图

建筑形体效仿山水，以山的灵动、水的秀美营造出高低起伏、交叉错落的动态空间。主立面的形体如远山，又如一块未经雕琢的玉石，与公共部分自然分割，对比强烈又相映成趣。而蜿蜒的线条像潺潺流水环绕着整座建筑，如同梯田般，这一庄一谐、一动一静的对话使这座公共建筑更加融于自然，恍若钢筋水泥都市中的现代桃源。

A1 d

A1 e

唐山大剧院

设计单位：中国中建设计集团有限公司
业主单位：唐山东方房地产集团有限公司

设计团队：徐宗武、宋宇辉、董伟星、肖冰、熊泽霖
项目地点：河北省唐山市
建筑面积：64 209.35 ㎡
设计时间：2013—2015 年
竣工时间：2015 年

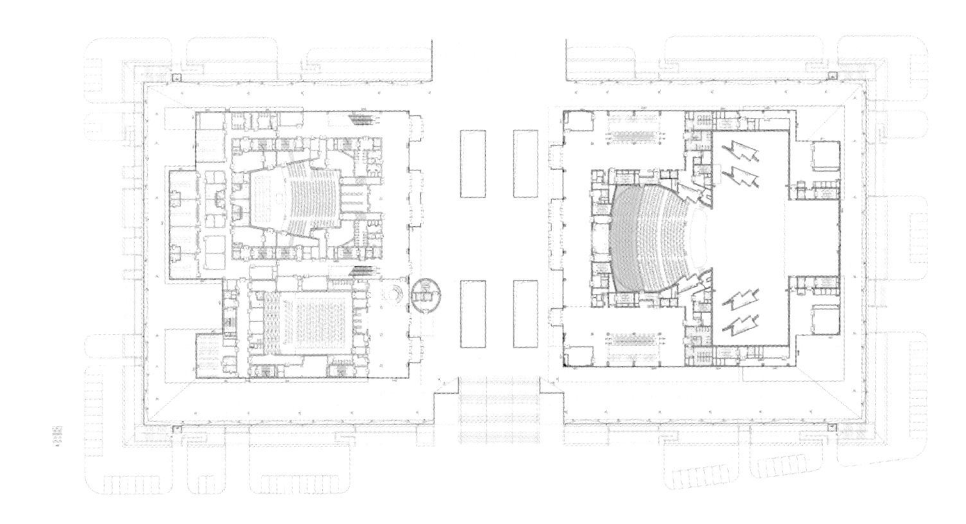

首层平面图

建筑以城市八音盒作为形象立意，在有限的资金条件下突出其工业化特色。设计采用大面积穿孔铝板作为立面材质，并利用参数化手段将山水画卷雕琢其上，使其与城市生态和谐共生，营造出现代的文化艺术氛围。

大剧场
Grand Theater

唐山市图书馆

设计单位：中国中建设计集团有限公司
业主单位：唐山东方房地产集团有限公司

设计团队：徐宗武、袁野、郎智颖、鲍亦林
项目地点：河北省唐山市
建筑面积：25 731.7 ㎡
设计时间：2012—2013 年
竣工时间：2015 年

唐山图书馆
唐山图书馆

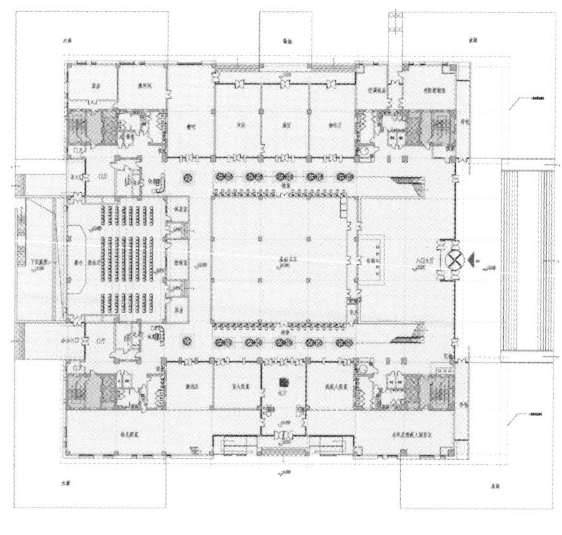

首层平面图

建筑整体造型方正规整，体现图书馆肃穆庄严的文化形象。在立面造型上，设计师对南北两个立面采取书架的意象，统一进行设计处理，追求一种浑然一体、气势磅礴的立面效果。在材料的选用上，主入口立面采用厚重石材与玻璃幕墙结合设置，阶梯状的玻璃幕墙与厚重石材形成鲜明对比，同时将整个建筑的核心——中庭景观平台展现得淋漓尽致。整座建筑以一种良好的整体感表现出以现代材料为主的现代建筑的精神面貌。

台阶状的室内空间结合书墙布置，以“书山有路勤为径”为意象的阅览空间成为整个图书馆的精神核心，巨大的台阶和层层书墙更强化了这个空间的知识与文化属性，象征着“知识是人类进步的阶梯”。

唐山市群众艺术馆

设计单位：中国中建设计集团有限公司
业主单位：唐山东方房地产集团有限公司

设计团队：徐宗武、张一楠、肖冰、王锦辉、熊泽霖、李静
项目地点：河北省唐山市
建筑面积：13 000 ㎡
设计时间：2013 年
竣工时间：2015 年

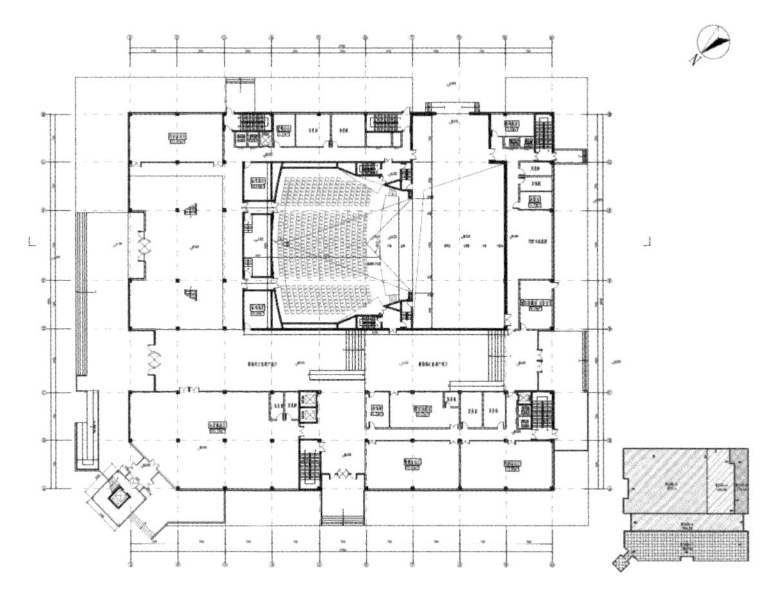

首层平面图

群众艺术馆以景观通廊为轴线，建筑向两侧展开，从而起到在规划上与周边既有建筑取得联系，又突出自身建筑属性的作用，强调了本建筑作为唐山市群众文化活动基地的重要性。建筑立面组合采用石材饰面和半隐框玻璃幕墙，形成一种天然的粗犷与人工精致之间的强烈对比。建筑设置环形水系，有利于突出建筑主体，并改善周边小气候，为群众的文化活动提供良好环境。

中国建筑股份技术中心试验楼改扩建工程

设计单位：中国中建设计集团有限公司
合作单位：中国建筑西南设计研究院有限公司
业主单位：中国建筑股份有限公司

设计团队：徐宗武、郑勇、崔小刚、越晓星
项目地点：北京市
建筑面积：52 273.09 ㎡
设计时间：2011—2013 年
竣工时间：2015 年

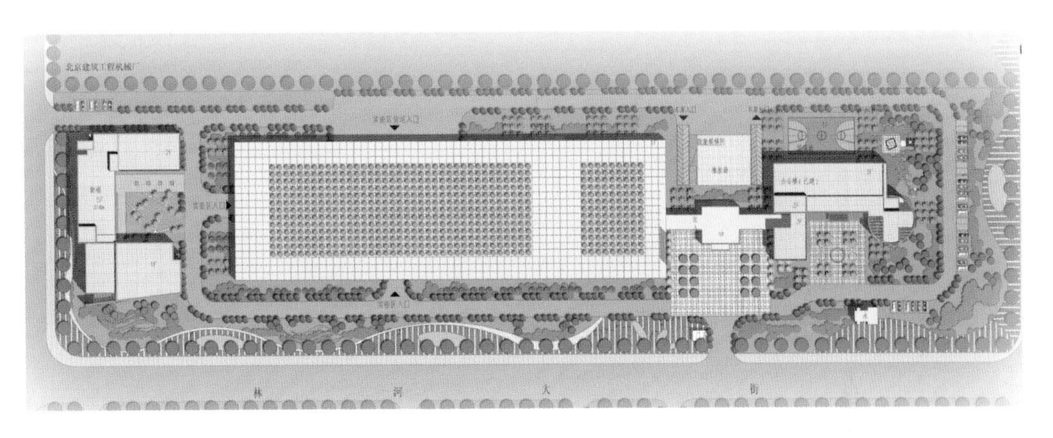

总平面图

项目位于北京顺义区，是亚洲最大的土木工程类综合试验中心，获得 LEED 白金认证及绿建三星认证。技术中心试验楼长 165 米、宽 56.6 米、高 35 米，地上 7 层，地下 1 层，采用框架剪力墙结构体系。首层结构试验大厅内设目前亚洲第一、世界先进的高达 25.5 米的反力墙，使用大面积反力地板，设置亚洲唯一一台万吨级压力机试验系统和两部 50 吨天车桁吊等一系列国内外先进试验设备。办公楼通过连廊与试验楼相接，在原有建筑基础上增加两层，同时对原有建筑进行加固，形成五层高的办公研究场所。配楼在原有建筑基础上进行改造，并增设观光电梯，在食堂上方加建养护室。

张曙辉 2004 级

北京八作建筑设计事务所有限公司 设计总监、主持建筑师

2007 年毕业于天津大学建筑学院，获工学硕士学位

2007—2013 年任职于中国中元国际工程有限公司医疗建筑设计研究院
2013 年至今任职于北京八作建筑设计事务所有限公司

获奖项目
1. 西藏自治区藏医院："十一五"最佳中医院（民族医）规划项目奖（2015）
2. 西藏自治区丁青县藏医院：寻找最具特色规划及建筑景观规划设计方案展览会，最具特色"十佳项目作品"（2017）
3. 北京青塔胡同 41 号改造——简园：寻找最具特色规划及建筑景观规划设计方案展览会，最具特色"建筑设计一等奖"（2017）
4. 西藏自治区儿童医院、妇幼保健院：国家卫生计生委妇幼司组织的"优秀妇幼保健院项目"（2017）

北京青塔胡同 41 号改造项目——简园

设计单位：北京八作建筑设计事务所有限公司
业主单位：北京市西城区新街口街道办事处

寻找最具特色规划及建筑景观规划设计方案展览会，最具特色“建筑设计一等奖”（2017）

设计团队：张曙辉、倪先理、杨志强、王淼
项目地点：北京市
场地面积：100 ㎡
建筑面积：100 ㎡
设计时间：2015 年
竣工时间：2015 年

庭院在东方文化中扮演着很重要的角色，以园林为最。该项目意图通过对庭院的打造使整个空间迸发出本土应有的东方美。在空间，上通过起承转合的空间层次起到烘托氛围的作用。入口处的“竹声”，未必见竹，先闻竹声，跟四合院的影壁院类似；拐弯处的“竹影”，竹影婆娑，见其踪影，与四合院的第一进院落相仿；穿过跟垂花门作用一样的格构门，进入正院——竹庭，四外竹梢，门对千竹。因为有这样的层次，正房才是正房。最内侧尚有幽静的小庭院“竹轩”，僻静悠闲，好比四合院的第三进院落。四个小院的景色成为书房与议事厅的底景，同时也成为房前的客厅。

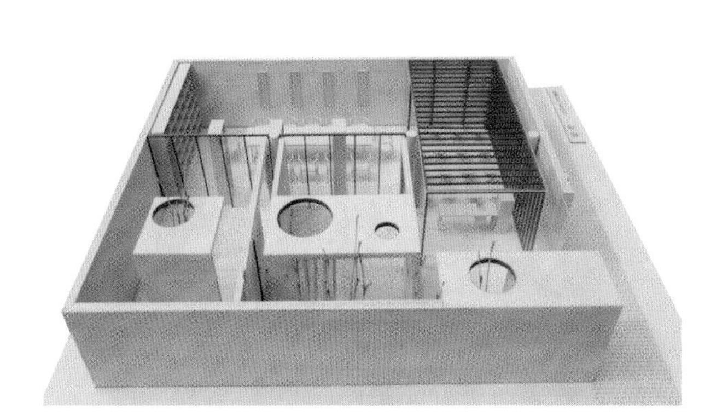

模型图

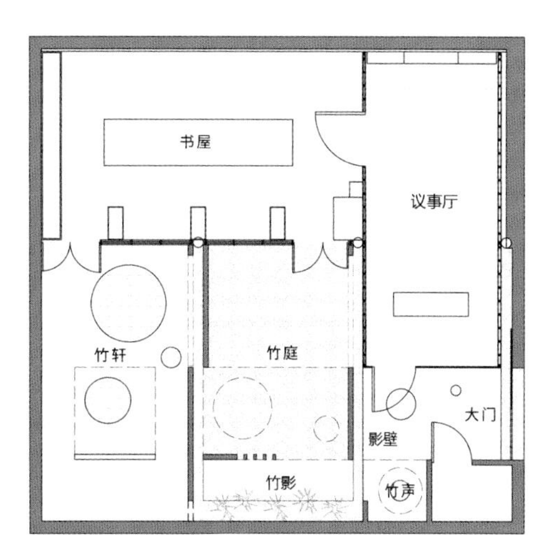

平面图

西藏自治区阿里地区巴嘎乡卫生院

设计单位：北京八作建筑设计事务所有限公司
业主单位：西藏自治区阿里地区卫生局

设计团队：张曙辉、刘继霞、王淼
项目地点：西藏自治区
场地面积：4 000 ㎡
建筑面积：1 500 ㎡
设计时间：2014 年
竣工时间：2016 年

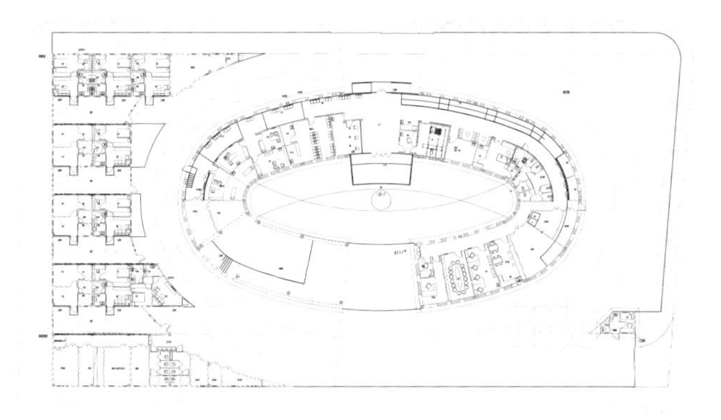

首层平面图

转山
神山冈仁波齐，佛教中世界的中心，每年有无数的信徒从四面八方踏上来此处朝圣的路途。转山是藏传佛教典型的祈祷方式，冈仁波齐在佛教中的地位更显得围绕冈仁波齐转山的重要。普兰县巴嘎乡则恰好在冈仁波齐山脚下，辖区内有 1 762 人，但是，每年要平均接待转山游客 11 万人次。

医疗机构在藏民心中是身体康复和精神升华之所，兴许认为其是药师或者玉拓的精神所在，所以人们也会转其祈福。椭圆形的形状更方便人们的“转”，另外建筑盘旋而上的体形让人觉得有升入另一重境界的感受。除了可在建筑外围绕行，建筑本身的屋顶也是一种形式的“转”。这些更是象征了“转山”中蕴含的轮回。

看山
转山是一种祈祷，一种对心灵的启迪。看山是一种视觉的体悟。

建筑椭圆的体形完美，然而只可在单侧欣赏优美的神山。所以设计师决定将另一侧抬起，使得在所有部分均可见神山。公共空间尽量靠神山侧布局，使得人们容易在公共区欣赏到它的优美，一层大厅、门诊走廊、医技走廊、坡道、病房走廊、病房休息室、煮茶间、洗衣房等，均有欣赏神山的最美角度。盘旋而上的屋顶也是欣赏神山的好位置。这里无处不看山，横看成岭侧成峰。

借山

中国园林讲究借景。本设计采用园林的借景设计手法打造。建筑入口由专门开设的南侧路进入而非从北侧直接进入，在南侧广场，神山与建筑之间形成第一重借山。建筑南侧通道形成框景，是内院的入口，称为第二重借山。椭圆形的院落是一种围合，这里对神山又是一种诠释，这里是第三重借山。门诊大厅居于中央，南北面及屋顶均采用通透的玻璃素材，这里堪称欣赏神山的高潮之处，这是第四重借山。借山入景，这便是所有的景。

刘 刚 2005 级

天津大学建筑学院 副院长 教授、博士生导师
中国照明学会副主任委员
中国演艺设备技术协会理事
天津市建筑物理环境与生态技术重点实验室常务副主任
天津市声学学会副理事长

2008 年毕业于天津大学建筑学院，获工学博士学位

2008 年至今任职于天津大学建筑学院

代表项目

声学项目：
世界文化遗产——颐和园德和园大戏楼修缮声学设计咨询 / 天津市滨海新区文化中心东方演艺中心厅堂音质设计咨询 / 天津工业大学大学生活动中心多功能学生剧场厅堂音质设计咨询 / 天津广东会馆剧场修缮声学设计咨询
光学项目：
烟台开发区夜景照明总体规划 / 颐和园古建文物保护及环境保护照明咨询 2008
绿建项目：
天津大学生命科学学院教学楼绿建设计咨询 / 天津市滨海新区文化中心组团绿建设计咨询

获奖项目

1. 天津大学生命科学学院教学楼绿建设计咨询：天津市科学技术进步奖三等奖（2017）
2. 天津工业大学大学生活动中心多功能学生剧场厅堂音质设计咨询：全国优秀工程勘察设计奖三等奖（2013）
3. 天津广东会馆剧场修缮声学设计咨询：“海河杯”天津市优秀勘察设计奖一等奖（2012）
4. 天津音乐厅厅堂音质设计咨询：全国优秀工程勘察设计奖三等奖(2011)/“海河杯”天津市优秀勘察设计奖三等奖 (2010)
5. 颐和园古建文物保护及环境保护照明咨询（2008 年度）：天津市科学技术进步奖三等奖（2009）

天津音乐厅厅堂音质设计咨询

设计单位：天津大学建筑学院
业主单位：天津市政府

全国优秀工程勘察设计行业奖三等奖（2011）
“海河杯”天津市优秀勘察设计奖三等奖（2010）

工程主持：刘景樑、赵培娴
声学主持：马剑、刘刚
项目地点：天津市
项目规模：观演大厅建筑面积 865 m^2、容积约 7 588 m^3（含舞台区域）、坐席 645 座
设计时间：2008 年
竣工时间：2009 年

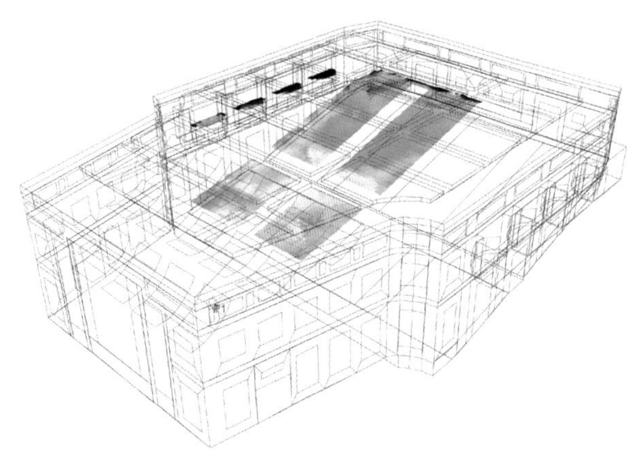

天津音乐厅为天津地标建筑，始建于 1909 年，2007 年在原址重建，为甲等演艺建筑。建筑在功能上既要满足包括交响乐、管弦乐、民乐、打击乐等各类器乐的演出，同时也要满足伴奏独唱、合唱等形式的声乐演出。设计师在设计过程中始终从音乐厅功能出发，将音质作为评价设计水平的核心指标，意在打造一座完全依靠自然声演出的一流音乐厅建筑。

为呼应天津音乐厅的外部风格，设计师决定采用以石材为主基调的建筑内装风格，这也使天津音乐厅成为世界上为数不多的“石头”音乐厅。声学设计团队同建筑设计团队及内装设计团队协同合作，克服了传统石材的声学缺陷，研发了具有良好声学属性的音乐厅专用石材——“白沙米黄”蜂窝铝板复合石材，成功地将天津音乐厅打造成为具有一流厅堂音质的音乐圣地。

求实会堂厅堂音质设计咨询——多功能会堂

设计单位：中国建筑设计研究院有限公司、天津大学建筑学院
业主单位：天津大学

工程主持：崔愷、任祖华
声学主持：刘刚、徐弋、陈航
项目地点：天津市
设计规模：观众厅有效容积约 18 500m^3（不含舞台区域）、座席 1325 座
设计时间：2013 年
竣工时间：2015 年

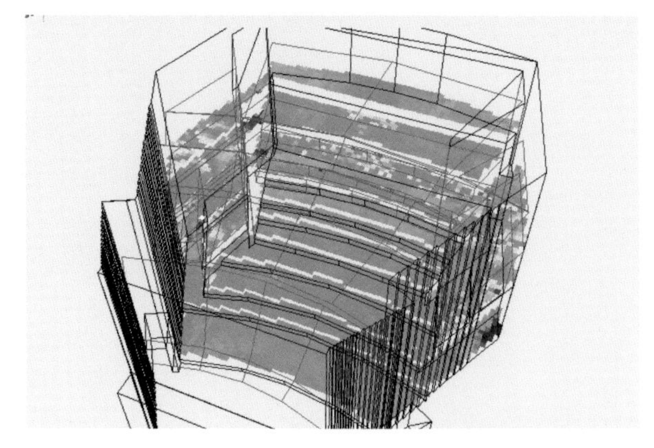

求实会堂项目位于天津大学北洋园校区内，在东西主轴线东端、校前区的中心地带。会堂功能上既要满足包括交响乐、管弦乐、民乐、打击乐等各类器乐的演出，同时也要满足北洋艺术团合唱演出、话剧演出等，即它属于多功能性演出场所。为此，声学设计团队根据会堂的各个使用业态，进行了综合模拟和优化设计，确保各个功能在使用状态下，会堂的声场均能满足使用要求；同时配合建筑设计对观众厅大型金属格栅吊顶及大面积砖砌侧墙进行了专项优化，避免了吊顶共振和侧墙反射不均匀，保证了声学技术和视觉艺术的完美统一。

颐和园古建文物保护及环境保护照明咨询

设计单位：天津大学建筑学院
业主单位：颐和园管理处

工程主持：刘刚、党睿
项目地点：北京市
项目规模：颐和园主体片区
设计时间：2015 年
竣工时间：2016 年

颐和园作为世界文化遗产，是中国皇家园林的典范，具有极高的艺术、文化和历史价值。本项目以颐和园的造园思想和造园手法为重要设计规划依据，并在继承和发扬中国古典园林美学思想的基础上，用灯光塑造出符合现代审美需求的古典园林夜间景观；同时针对颐和园珍贵的历史文物和丰富的生态环境，通过大量的科学研究，得到能实现古建文物保护及生态环境保护照明的设计方法和评估方法，在最大程度减小照明光损伤的基础上，呈现传统文化精髓。

天津滨海新区文化中心组团绿建设计咨询

设计单位：天津大学建筑学院
业主单位：天津市滨海新区文化中心投资管理有限公司

工程主持：刘景樑、陈天泽
绿建主持：刘刚、党睿、张明宇、田喆
项目地点：天津市
建筑面积：74 430 ㎡
设计时间：2015 年
竣工时间：2017 年

为了方便人们参观火箭模型，滨海探索馆中设计了中央通高圆筒空间，并配置了带玻璃幕墙的旋转楼梯。这导致筒内热环境分层、品质较差。本项目利用该空间特殊的“烟囱”造型形成的拔风效应，对暖通空调末端位置、筒内天窗形式以及遮阳形式进行优化设计，在综合考虑造价的情况下，满足了室内热舒适和节能的要求。

滨海图书馆内设计了球幕影院，在影院与屋顶天窗之间形成了一个高大空间。如何利用屋顶天窗有效解决该空间中的气流组织以及采光成为一个较为复杂的问题。因此，本项目采用分析软件对该空间以及周围房间中的通风及采光进行优化，综合考虑设计造价等因素，最终得到了满足通风、采光要求以及有效降低室内热负荷的天窗设计方案。

徐晋巍 2005 级

水石国际米川工作室 主持建筑师
国家一级注册建筑师

2007 年毕业于天津大学建筑学院，获建筑设计及其理论硕士学位

2007—2009 年任职于上海现代建筑设计（集团）有限公司，现代都市建筑设计院创作中心
2010—2016 年任职于上海米川建筑设计事务所
2016 年至今任职于水石国际米川工作室

个人荣誉
第三届中国建筑传媒奖：青年建筑师奖
《时代建筑》：优秀 1980 年代生中国建筑师

代表项目
上海文化信息产业园 B2 地块 / 上海浦东证大九进堂二期 / 新余市文化中心 / 无锡协信阿卡迪亚售楼处 / 成都中海国际社区商务中心 / 南通赛格时代广场 / 上海兴国路 91 号早教中心改造 / 甘肃中医药大学新校区

南通市图书馆新馆及综合服务中心

设计单位：上海米川建筑设计事务所
　　　　　上海华东建设发展设计有限公司
业主单位：南通图书馆

设计团队：徐晋巍、温华广、赵丽锋
项目地点：江苏省南通市
场地面积：21 836 ㎡
建筑面积：96 995 ㎡
设计时间：2010 年
竣工时间：2014 年
摄影：章勇

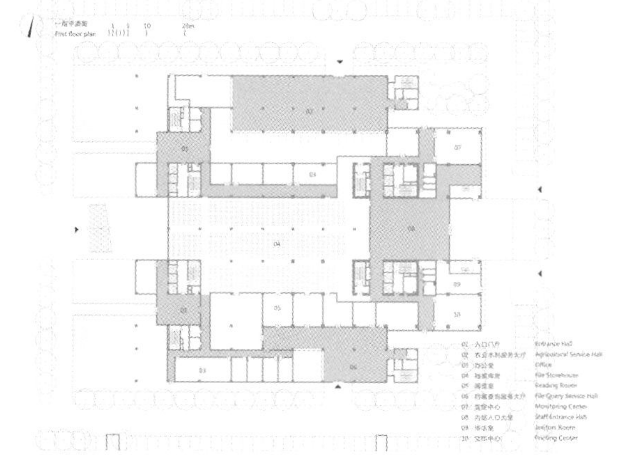

首层平面图

禁止驶入

南通市图书馆新馆及综合服务中心位于南通市新城区崇川路北，行政中心绿轴东侧地块北端。整个建筑群包括市图书馆新馆、市档案馆、市民综合服务中心及高层政务办公楼等几部分。

本案中建筑师以抽象的辞典和书架作为建筑形态中裙房与高层的形态写意，以“活字印刷”玻璃幕墙作为主要的立面肌理。整个建筑设计流线清晰，西面为图书馆人行出入口，南面为报告厅及展厅出入口，北面为综合服务中心出入口，东面为政务办公楼出入口。各个功能空间相互协调，便捷通畅。设计兼顾图书馆服务功能的开放性及公众性，也满足综合服务中心的档案查询服务及政务办公的安全性和独立性要求。2~5 层为图书馆的主体功能区，读者可以从地面通过草坡或者大台阶方便地进入二层的图书馆入口大厅，进入大厅是五层通高的阳光中庭。中厅内每个楼层轮廓不一，上下贯穿，连成一体，多组自动扶梯交织于中庭之中，将读者送往各个楼层。

米川工作室古宜路新办公室改造

设计单位：水石国际米川工作室
业主单位：水石国际米川工作室

设计团队：徐晋巍、赵丽锋、吴结东、胡之超
项目地点：上海市
场地面积：3 55 ㎡
建筑面积：2 66 ㎡
设计时间：2016 年
竣工时间：2017 年
摄影：胡义杰、章勇

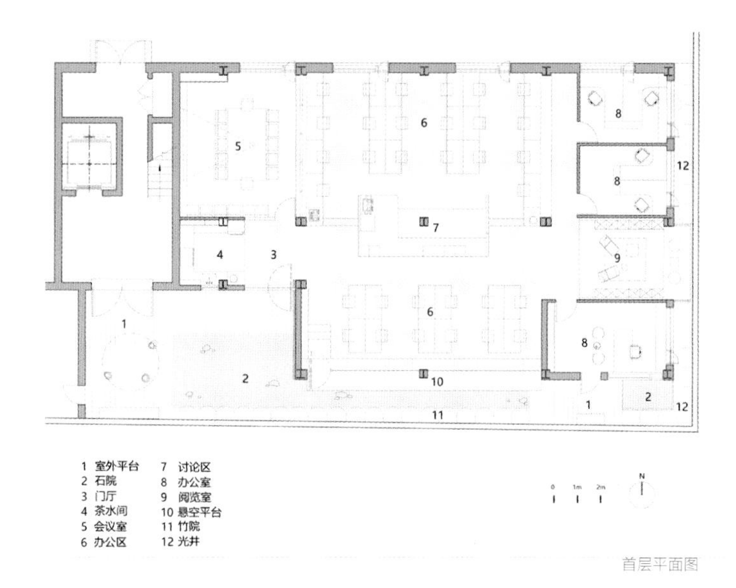

首层平面图

这是一个为自己工作室设计改造的小项目，在有限的成本控制下解决问题，是这个项目自始至终的关键。

室内空间根据功能分为会议接待、开放办公和独立办公三个区域，所有的地面均为水磨石地坪，内墙和吊顶均为白色，三个区域用一条公共走道串联，同时分别在三个区域增加了木饰面表皮的茶水间、讨论区和阅览区，并且都抬高地坪 250 毫米。三个空间就像悬浮在建筑内部的三个木头盒子，形成公共轴上的三处共享空间，也成为这个室内区域最重要最亮眼的节点空间。在原本简洁干净的黑白空间点缀一缕暖色，冷暖对比使得室内空间简洁明快而又温暖。

室外庭院被建筑形体与围墙划分成三个庭院，却在无意中，让人体验了自然界的三种属性。第一个是入口庭院，大面积的黑色卵石是庭院的主角，自由散水的雨棚设计，在雨天里形成独特的雨帘，雨水滴落到石子上的声音，是人们想要的生活体验，一种传统江南的童年记忆，檐下空间有了熟悉的声音，有了温暖的记忆，石院也就有了水的属性。第二个庭院主角自然是竹子，风吹过狭长的庭院，使得轻盈高挑的竹子随风摇摆，发出沙沙的声音，此时的竹院也就有了风的属性。第三个庭院为东侧的井院，给独立的小办公室和阅览区带来自然光成为它唯一重要的作用，清晨东面的阳光通过东侧半透明的磨砂玻璃高窗照进室内，温暖而均匀，井院便有了光的属性。

复旦大学亚洲青年交流中心

设计单位：水石国际米川工作室
业主单位：复旦大学

设计团队：徐晋巍、赵丽锋、曹旭、汪宏杰
项目地点：上海市
场地面积：1 733 ㎡
建筑面积：1 338 ㎡
设计时间：2015 年
竣工时间：2017 年
摄影：胡义杰

项目位于复旦大学邯郸校区北苑生活园区内，原有建筑是一栋两层楼的学生浴室。为了能使废旧建筑得以再生利用，校方决定将此建筑改造成一处为园区学生服务的交流活动中心。设计方决定把南侧和敬老院之间的空地、东侧与垃圾站之间的空地以及西侧和道路之间的空地一起纳入设计范围中，并通过围墙限定边界，在围墙和室内建筑之间形成一种“过滤器”，既让室内空间延伸到室外，也减小外界环境对建筑室内私密性的影响。一层外墙使用了大量的落地玻璃，南侧朝向庭院的 4 间活动室向北退进一定距离，并且将各个空间向西旋转了 30 度，形成一组三角形的半室外“角落”空间。二层窗洞高低错落，大小不一，就像一幅幅画框，捕捉着室外变化的风景。

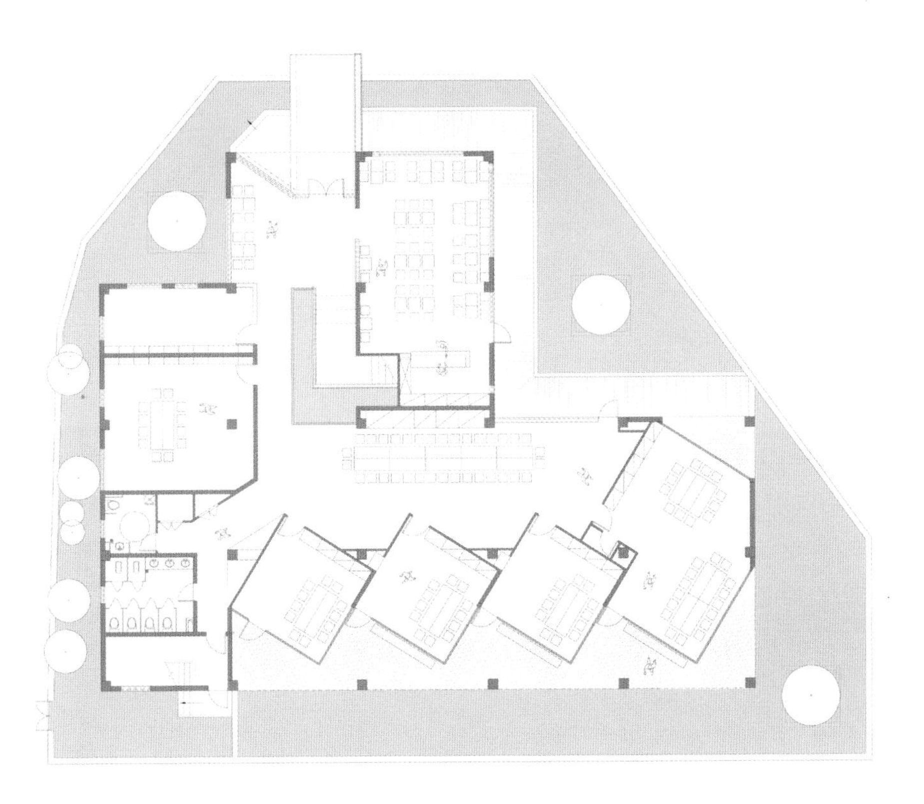

首层平面图

复旦大学东区艺术教育馆改造设计

设计单位：水石国际米川工作室
业主单位：复旦大学

设计团队：徐晋巍、谢庆乐、赵丽锋、叶田
项目地点：上海市
场地面积：2 500 ㎡
建筑面积：1 900 ㎡
设计时间：2015 年
竣工时间：2017 年
摄影：章勇

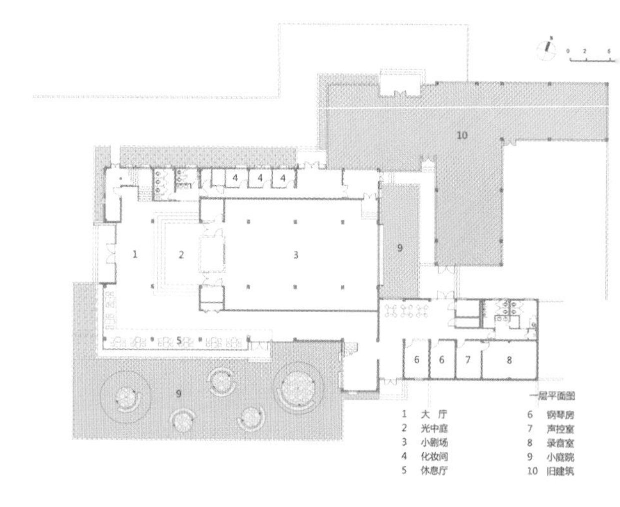

首层平面图

项目位于复旦大学邯郸校区东区生活区内，西面正对园区主入口，北侧围墙临近政通路，南侧为学生公寓。

通过分析设计，本案在保证主要功能——小剧场可正常使用的尺寸要求下，对其进行面积的缩减和长宽比的优化。在西侧，设计让出一个柱跨的进深，给到门厅，同时局部挑空，引入天光，使得整个门厅空间开敞明亮，空间层次丰富。在北侧划出 3.5 米的区域，将原本在西南角的卫生间和东侧的化妆间移到北侧，结合值班室、楼梯间、配电间等，形成完整的辅助空间。同样南侧也留出 3.5 米的宽度，联系门厅，结合走道，并将一层的外墙全部打开，改成大面

积的落地玻璃，并且将南侧室外的花坛、灌木取消，连同南侧的空地，铺设由室内到室外延伸的防腐木平台，形成阳光充足、视线通透的室内公共休息区域和完整的室外活动广场，室内室外连成一体。为了让剧场的层高增加，本案局部降低了地坪标高，并在门厅设置台阶，解决高差问题，同时也丰富了空间。

新的建筑外立面打破了原有建筑的竖向韵律形式，采用体块咬合和黑白红三色搭配的处理方式。一层以通透的大面玻璃为主，二层以黑白色压型穿孔铝板为主，结合红色耐候钢板及深灰色铝板雨棚。整座建筑褪去了厚重的墙面外衣，变得通透轻盈，艺术感极强。高低错落的窗洞和半透明的穿孔板表皮使得建筑室内拥有丰富多变的光影效果。夜幕降临的时候，室内的灯光透过半透明的表皮释放出朦胧柔和的光线，更具艺术气质。

南通二中新校区

设计单位：上海米川建筑设计事务所
　　　　　上海华东建设发展设计有限公司
业主单位：南通二中

设计团队：徐晋巍、温华广、麦湛铭、赵丽锋、邓坤、孙维
项目地点：江苏省南通市
场地面积：98 094 m²
建筑面积：64 900 m²
设计时间：2012 年
竣工时间：2014 年

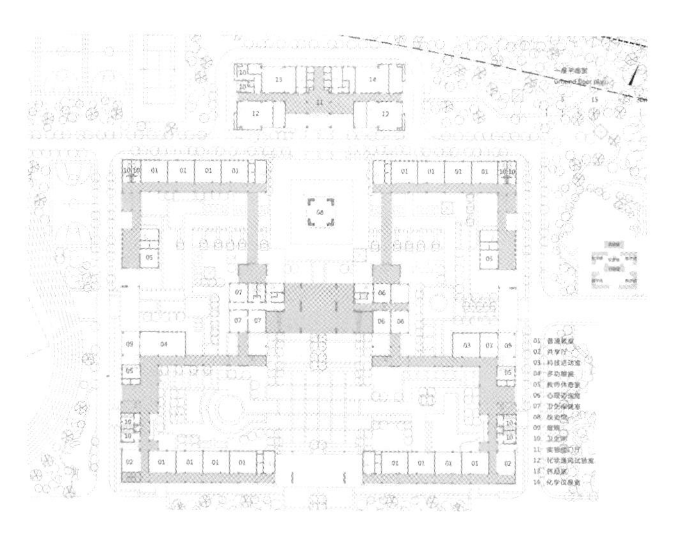

首层平面图

南通第二中学前身是中国近代著名实业家、教育家张謇先生的胞兄张詧先生，于 1919 年举资创办的私立敬孺高等小学校，历史悠久。校方希望以体现百年名校的悠久历史和文体兼顾的办学理念作为新校区的规划及建筑设计目标。

本案中建筑师希望以中国传统书院的空间序列展开建筑布局。中国传统书院不是一个单纯的教学场所，更是一个传承中国传统文化的庙堂。传统书院自由清新的学术氛围和古朴庄重的建筑风格一扫世俗的喧嚣和沉疴，是古代学子向往的一方净土和精神归宿。

书院建筑的空间布置讲究“礼乐相成”，以礼定秩序，以乐求和谐。设计中教学区严格地按照轴线对称式院落模式布置，按照山门、讲堂、祠堂、藏书楼这一传统书院空间层次逐一展开，层层递进，深邃而幽远，庄重而宁静，体现了传统书院“礼”的一面。与教学区截然不同的生活区，布局自由，水系环绕，体现出传统书院崇尚自然、寄情山水的一面。

詹 远 2005 级

零壹城市建筑事务所 合伙人
中国美术学院 讲师

2010 年毕业于天津大学建筑学院，获建筑学学士学位
2013 年毕业于美国哈佛大学，获建筑学硕士学位

2011 年至今任职于零壹城市建筑事务所
2013 年至今任职于中国美术学院

代表项目
上海宝业中心 / 天台第二小学

上海宝业中心

设计单位：零壹城市建筑事务所
合作单位：浙江宝业建筑设计研究院有限公司（建筑、景观）、
上海斯诺博金属构件发展有限公司（幕墙）
业主单位：宝业集团

设计团队：阮昊、詹远、GaryHe、李琰、
童超超、金善亮、DevinJernigan
项目地点：上海市
场地面积：13 121 ㎡
建筑面积：27 394 ㎡
设计时间：2012—2016 年
竣工时间：2017 年

项目地处一块梯形地块内的 L 形基地上。设计方案为在基地垂直升起五层体量后，根据边界对形态进行一定的挤压，结合内部挖空，最终三座大楼通过不同高度的连廊连接成整体。主楼涵盖了办公室和屋顶花园，并且其底层的景观积极连接周围空间，形成了一个自由流动的半公共空间，与主楼的独特形态相契合。停车场、员工餐厅和咖啡厅、休闲区以及员工宿舍安排在地下，并且通过下沉广场的高差和地面层的挖空，将阳光带至地下室内空间。项目为美国 LEED Gold 绿色标准建筑，致力于营造一个充满启发性的办公环境，给予使用者多层次的建筑体验及空间感。在与城市复杂的多样性的对话下，设计兼顾了中国古典园林的秩序、人们的视觉感受、与周围建筑的体量关系以及建筑和庭院的和谐共存。

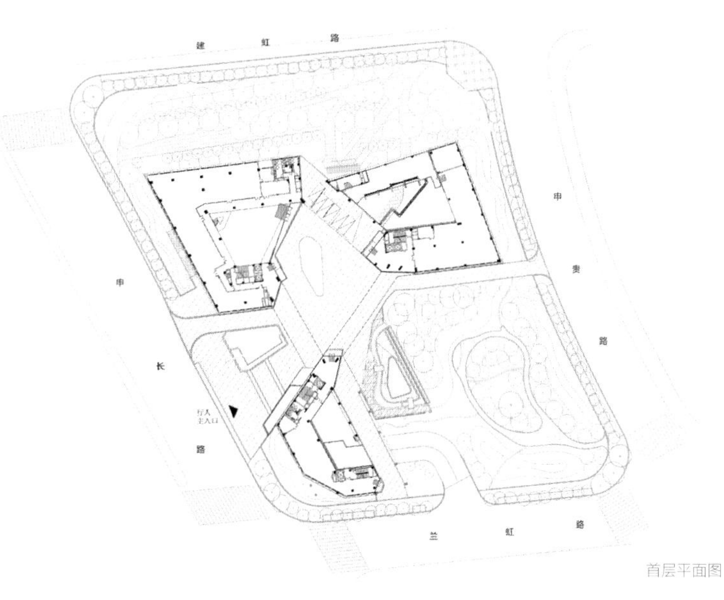

首层平面图

天台第二小学建筑设计

设计单位：零壹城市建筑事务所
合作单位：浙江大学城乡规划设计研究院
业主单位：天台第二小学

设计团队：阮昊、詹远、GaryHe、金善亮、陈利娜
项目地点：浙江省天台市
场地面积：7 000 ㎡
建筑面积：10 190 ㎡
设计时间：2012 年
竣工时间：2014 年

天台第二小学是一所将 200 米环形跑道置于多层建筑屋顶的小学教育建筑。设计将 200 米的标准跑道布置在屋顶上，从而为学校在地面上赢得了额外的 3 000 平方米的公共空间。如果按照常规的方式将操场建在教学楼一旁，200 米环形跑道将占去 40% 的用地，校园会变得非常局促，但学生又需要一个操场能够运动。

同时，椭圆形的教学楼给学生们带来了一种内向型的安全感。跑道布置在屋顶的处理令建筑层数能按照要求控制在四层，跟周边建筑关系更为和谐。为了提供更多可用的绿色庭院空间，建筑体块旋转至跟场地边界线产生 15 度角，从而在建筑外部与场地边界之间创造出数个小广场空间。

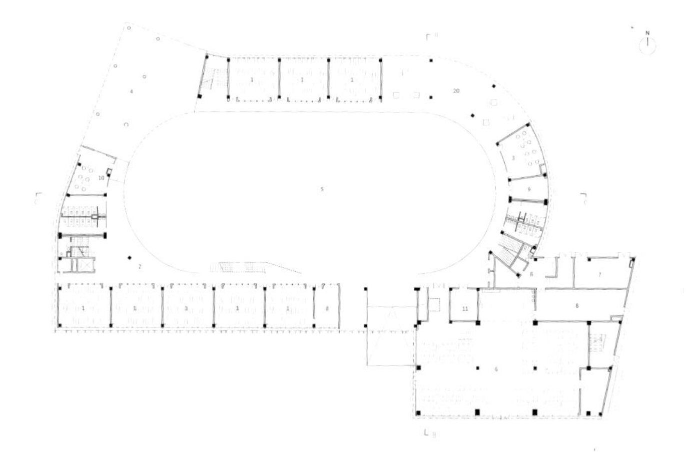

首层平面图

楼顶操场跑道边的护栏一共有 3 层，最外层是 1.8 米高的强化玻璃防护墙，中间层为 50 厘米宽的绿化隔离带，第 3 道防护是 1.2 米高的不锈钢防护栏，确保学生安全。对于噪声问题，在塑胶跑道下每隔 50 厘米安装一个弹簧减震器，即通过双层结构的方式再进行一次减震，楼顶的整个跑道就像是一个悬浮跑道，巧妙地解决了共震问题。天台第二小学的设计着重处理建筑与场地、场地与城市、形态与功能之间的关系，非常有效地解决了老城区用地面积不足的问题。

期开学典礼

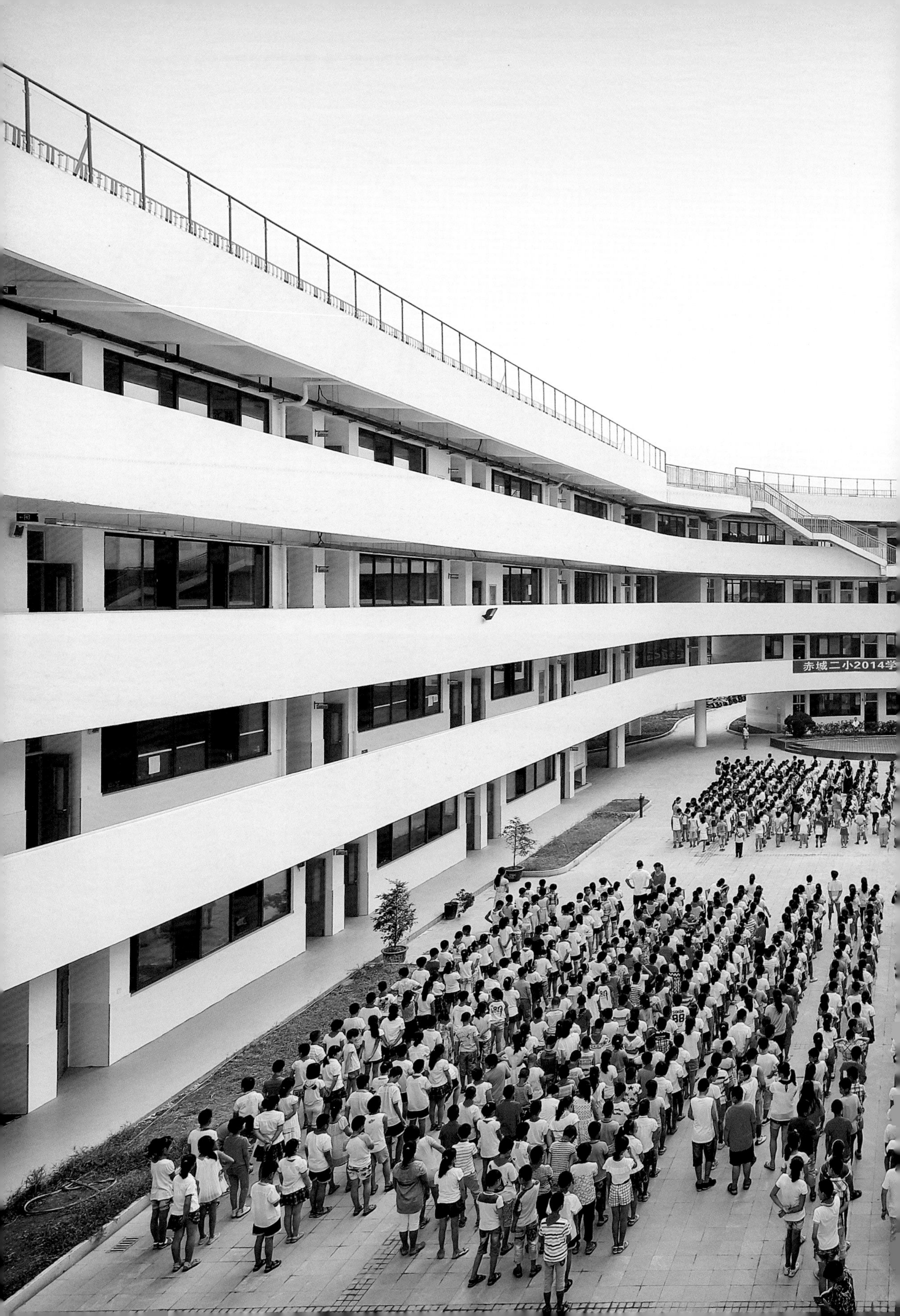
赤城二小2014学

学典礼

余 浩 2006 级

大字本建筑设计工作室 创始合伙人

2008 年毕业于天津大学建筑学院，获工学硕士学位

2008—2012 年任职于中国建筑设计研究院有限公司
2012—2016 年任职于中旭建筑设计有限责任公司
2016 年至今任职于大字本建筑设计工作室，任创始合伙人

代表项目
卓资文化公园 / 合社不老屯民宿

北京合社不老屯民宿项目

设计单位：大字本建筑设计工作室
业主单位：合舍投资管理有限公司

设计团队：余浩、范国杰、王诗朗、孙凌艳
项目地点：北京市
场地面积：3 031 ㎡
建筑面积：1 500 ㎡
设计时间：2016 年
竣工时间：2016 年

在综合考虑现代社会的家庭构成、生活方式以及当地的地理气候之后，针对项目设计团队选择了传统四合院的组合方式，把五个小木屋布置到院子中央，在四周布置正房、东厢、西厢和倒座。正房、东厢、西厢作为客房使用，倒座作为活动室和茶室使用。院子入口遵循习惯位于东南角，入口正对的东厢山墙作为照壁，高度由 3.3 米 增加到 5.4 米，并由此形成了一个小阁楼。考虑到作为客房独立使用所需的私密性，设计将传统的回形廊道变成了树形木栈道，并用当地的石头在周边一圈垒上围墙，最终形成了一个现代化的木构四合院。

在单元体的木屋设计上，设计师认为它呈现的形态接近简单几何形态，但它们聚集到一起时才会有更好的可被阅读的群体形态。现代防水技术的进步将传统木构房屋的出檐收回来，将檐沟藏于坡屋面边缘，形成一个具有抽象房屋形态的硬山立面。通过对木材分别进行白色和透明涂装，将房屋山墙面和正面及屋顶区分开来，每个房屋看起来就像是一段被切开的吐司面包，借以提示单元体在高度和进深上的不可变性以及宽度方向上的延展性。

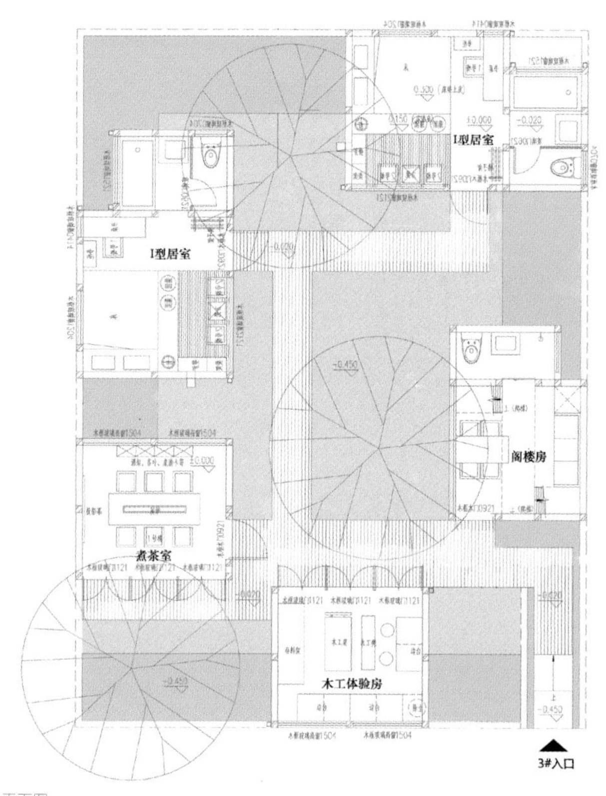

总平面图

卓资文化公园

设计单位：中旭建筑设计有限责任公司
业主单位：内蒙古国投物流有限公司

设计团队：余浩、常可、曾飞、王效鹏、
刘一鸣、王雯、陈明、王凡、石玉
项目地点：内蒙古自治区乌兰察布卓资县
场地面积：43 333 m²
建筑面积：33 683 m²
设计时间：2013 年
竣工时间：2016 年

项目基地位于卓资县大黑河南岸，北临滨河路，东临规划路，用地西侧及南侧现状为农业用地。用地西侧与隆盛路相距约 230 米，东侧与巴音锡勒路相距约 580 米。

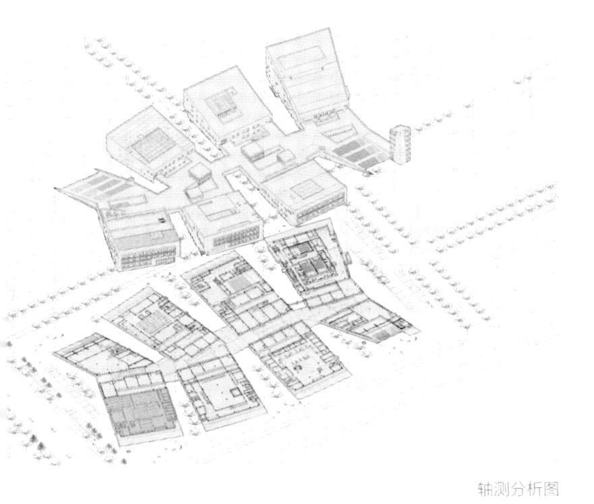

轴测分析图

卓资文化公园是一个综合性公共文化活动项目，项目包含影剧院、青少年活动中心、老年人活动中心、政务服务中心、职工文化活动中心、全民健身活动中心以及商业共享内街等七部分功能。沿河一个高 32 米的景观塔统领整个建筑群，同时景观塔提供了一个全景观看整个建筑群的视点。

全民健身活动中心、职工文化活动中心、政务服务中心及影剧院安排在较为公共的北侧，青少年活动中心及老年人活动中心安排在较为安静的南侧，拥有较好的光照。商业共享内街作为六大场馆的连接体，安排在用地中部，各建筑之间设置商业部分的入口。

建筑群以紧贴大地的建筑体量在大黑河河畔水平展开，强调建筑外部空间的设计与利用，强调场地内部景观与城市滨河景观带的融合，力图为人们提供一处具有文化气息的开放性的休闲娱乐场所。建筑充分考虑各类公共活动的参与，连接六大场馆的屋顶大平台给人们提供了大量公共活动的场所，同时各种游览建筑的路径巧妙地安排在各个功能体里，给人们提供了游览文化公园的不凡体验。

张鹏举 2007 级

内蒙古工大建筑设计有限责任公司 董事长
内蒙古工业大学建筑学院教授
内蒙古自治区勘察设计协会理事长
内蒙古自治区民族建筑研究会会长
中国建筑学会理事、资深会员
《建筑学报》《建筑师》《西部人居环境学刊》《建筑技艺》《城市环境设计》等杂志编委

2013 年毕业于天津大学建筑学院，获博士学位

1990 年至今任职于内蒙古工业大学建筑学院
2000 年任职于内蒙古工大建筑设计有限责任公司

代表作品
盛乐古城博物馆 / 斯琴塔娜艺术博物馆 / 乌海市黄河渔类增殖站及展示中心 / 临河岩画博物馆 / 盛乐遗址公园游客中心 / 罕山生态馆和游客中心

获奖项目
1. 内蒙古工大建筑设计楼：中国建筑学会建筑创作奖银奖（2016）/ 全国优秀工程勘察设计行业奖建筑工程一等奖（2015）
2. 乌海市青少年创意产业园：中国建筑创作奖银奖（2014）/ 第四届中国环境艺术设计大赛金奖（2013）
3. 恩格贝沙漠科学馆：世界华人建筑师协会设计奖金奖（2013）/ 全国人居经典建筑规划设计方案竞赛金奖（2012）
4. 内蒙古工业大学建筑馆改扩建：第十九届亚洲建筑协会建筑奖保护与改造类金奖（2017）/ 全国优秀工程勘察设计行业奖建筑工程一等奖（2011）/ 世界华人建筑师协会设计奖金奖（2011）

内蒙古工大建筑设计楼

设计单位：内蒙古工大建筑设计有限责任公司
业主单位：内蒙古工大建筑设计有限责任公司

设计团队：张鹏举、郭彦、张恒、孙艳春、韩超
建设地点：内蒙古自治区呼和浩特市
场地面积：3 052 ㎡
建筑面积：5 976 ㎡
设计时间：2010 年
竣工时间：2012 年

Cafe&food

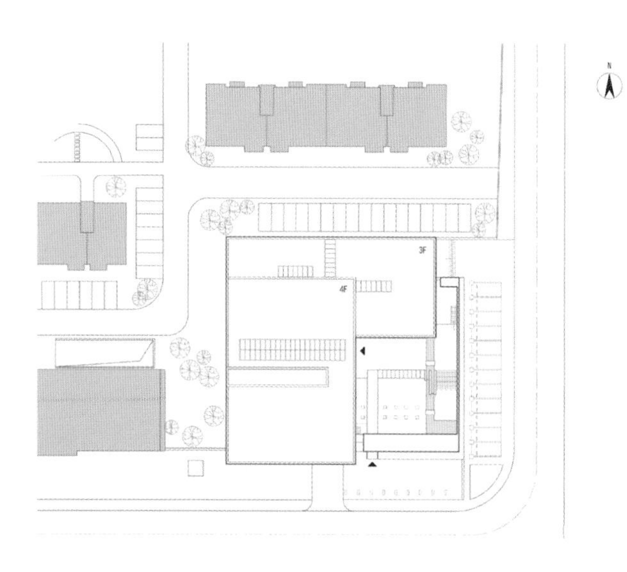

总平面图

内蒙古工大建筑设计有限责任公司办公楼处于一个居住、商业、文化与教育用地交会的路口，人流既乱又杂。对于城市空间，建筑设计的核心策略是从沿街角部抽离出一个边院进行缓冲，通过庭院的下沉、围合、渗透、引导以及水、木、树、桥等元素的设置，营造开放、静谧的场所氛围，进而藉由其亦公共亦私密的空间品质，实现从街道公共生活到建筑私密场所的合理过渡。

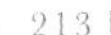

乌海市青少年创意产业园

设计单位：内蒙古工大建筑设计有限责任公司
业主单位：乌海市团委

设计团队：张鹏举、李国保、李冰峰、吕昱达、白丽燕、郭彦
建设地点：内蒙古自治区乌海市
场地面积：48 419 m²
建筑面积：7 594 m²
设计时间：2012 年
竣工时间：2013 年

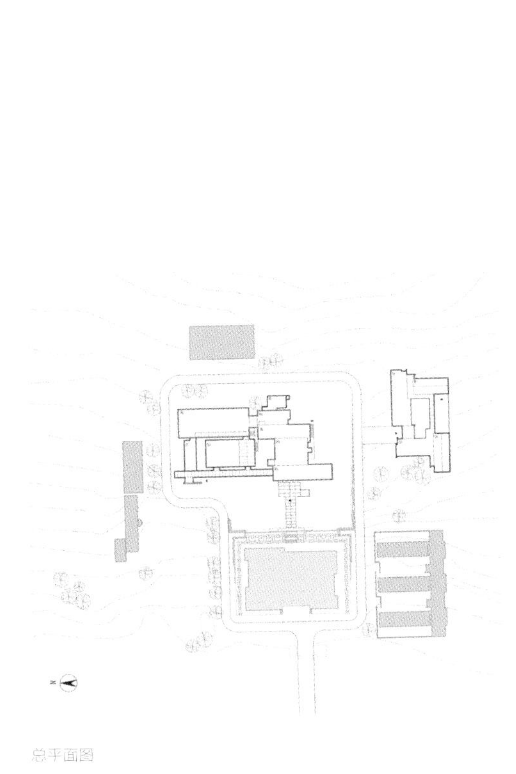
总平面图

内蒙古乌海市青少年创意产业园位于内蒙古自治区乌海市海勃湾区东山脚下，由一座废弃的硅铁厂改造而成。改造设计采取了一系列平实自然的策略，比如用开放空间的方式完成视觉信息的呈现，用丰富动线的方式完成适于儿童的漫游式体验，用保留痕迹的方式完成记忆信息的提示，用以新衬旧的方式完成对特定信息的强化，进而在一系列材料选择、表皮措施、环境适配等表情认同的策略中传递出基于精神空间营造的“光阴感”，强化出一种在既有建筑改造中应有的特定品质。

立面图

临河岩画博物馆

设计单位：内蒙古工大建筑设计有限责任公司
业主单位：巴彦淖尔市临河区建设局

设计团队：张鹏举、刘艳青、韩超
建设地点：内蒙古自治区巴彦淖尔市
场地面积：8 000 ㎡
建筑面积：3 891 ㎡
设计时间：2012 年
竣工时间：2014 年

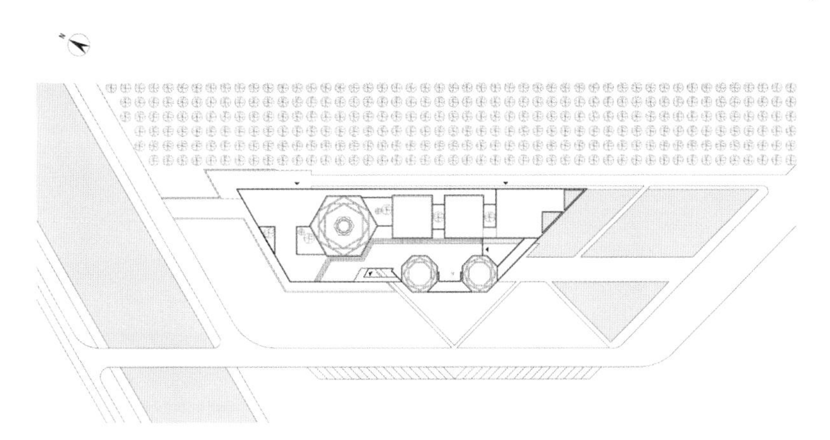

总平面图

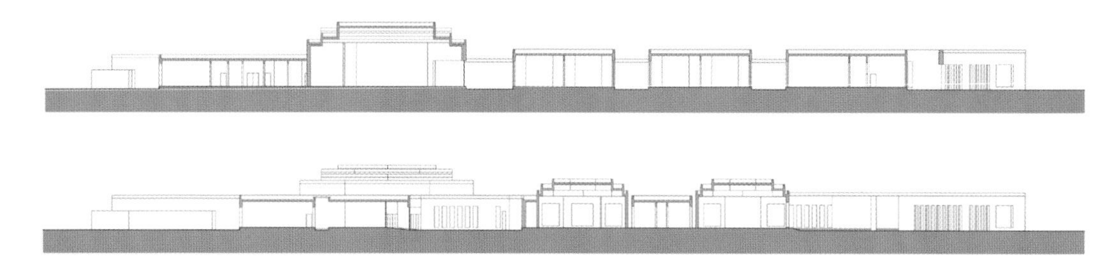

剖面图

临河岩画博物馆位于内蒙自治区古临河市城区边缘铁路以西的一处园林中。设计的总平面成形于基地走向秩序的基础上，将基地中的人流引入建筑内部并成为展线布置的逻辑依据。此动线串联起各功能空间和若干庭院，为加强内外空间的流畅感，设计还将阳光、水面引入建筑，进一步削弱建筑室内外的界限，让空间在一种漫游的动线中兼具了园林属性，延伸了人的游园体验。同时，设计选用的混凝土砌块材质令建筑在粗犷中沉稳，在沉稳中安静，从另一个角度强化了建筑的园林品质。

罕山生态馆和游客中心

设计单位：内蒙古工大建筑设计有限责任公司
业主单位：罕山林场

设计团队：张鹏举、雷根深、范桂芳、郭彦
建设地点：内蒙古自治区通辽市
场地面积：30 000 ㎡
建筑面积：9 108 ㎡
设计时间：2011 年
竣工时间：2013 年

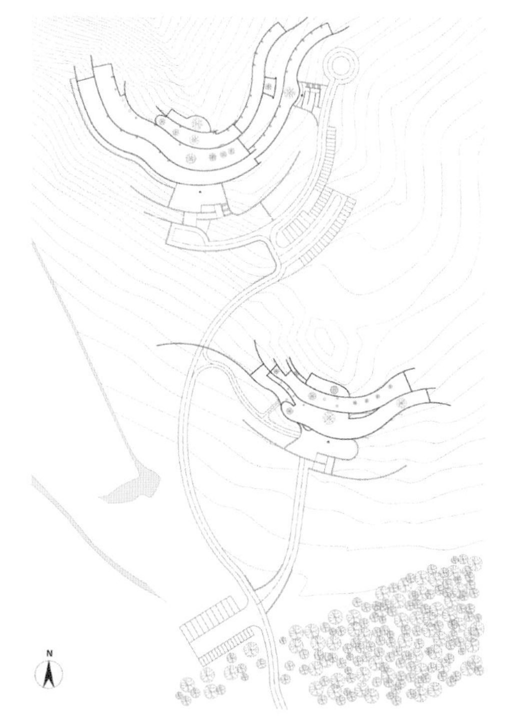

总平面图

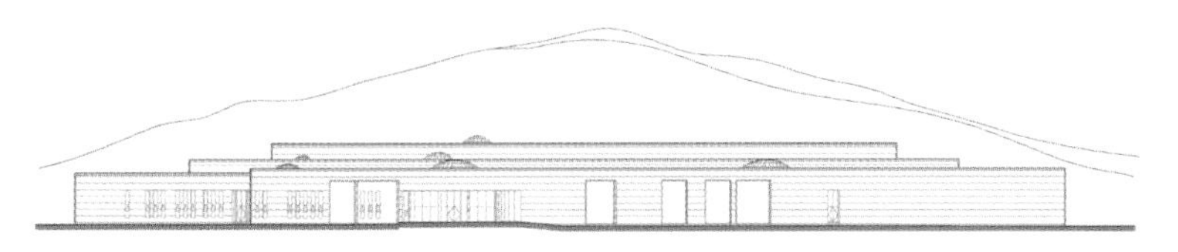

立面图

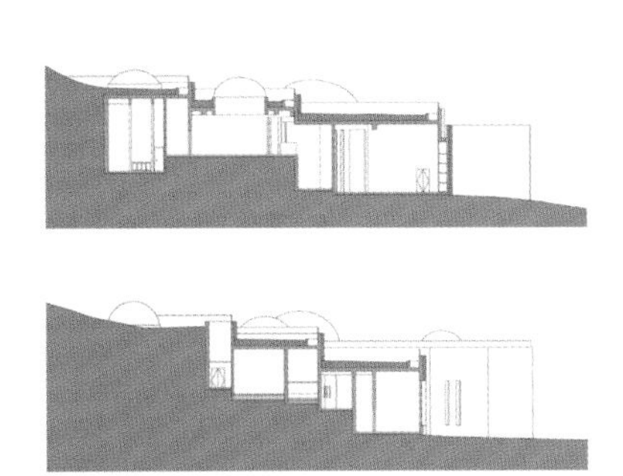

剖平图

项目位于内蒙古自治区通辽市北部罕山林场的入口处，建筑将功能分为博物馆和游客中心两个体量，它们前后错位，分置于两个小山坡上。该地寒冷，阳光和风成为设计的核心要素，同时保护自然环境是设计的初衷。综合应对这些要素和目标，设计师确定了以自然平实的建筑形态作为设计的基本策略，即体量背坡面阳，后部埋入坡内，形体沿等高线顺山体呈层层退进，表皮材料则是挖方后析出的碎石。由此，建筑融入了场地，既保护了自然，也节约了造价。

宋佳音 2007 级

天津大学建筑设计规划研究总院 城市照明分院设计总监
天津大学建筑学院讲师
高级照明设计师

2005 年毕业于天津大学建工学院，获工学学士学位
2009 年毕业于天津大学建筑学院，获工学硕士学位
2013 年毕业于天津大学建筑学院，获工学博士学位

2013 年至今任职于天津大学建筑学院

获奖项目

1. 河北天洋城太空之窗夜景照明工程：中国照明学会照明工程设计一等奖（2016）
2. 内蒙古自治区科技馆和演艺中心夜景照明工程：中国照明学会照明工程设计一等奖（2015）
3. 安徽滁州全椒太平文化街区夜景照明工程：中国照明学会照明工程设计二等奖（2016）

天洋城太空之窗夜景照明设计

设计单位：天津大学建筑学院
业主单位：三河天洋房地产开发有限公司

设计团队：宋佳音、高元鹏、王立雄、张明宇
项目地点：河北省三河市
建筑面积：15 000 ㎡
设计时间：2014 年
竣工时间：2015 年

天洋城 4 代太空之窗是太空科技主题的游乐场，建筑设计以太空飞船为原型，充满科技感和神秘感。照明设计以人类遨游太空为线索，通过叙事的方式描绘了探索太空的奇妙体验。为了更好地完成太空之旅的体验，还原真实的太空光环境，并尽可能能赋予其更多的主题和更丰富的情绪，从飞船的入口、舷窗、引擎到船尾的夜间灯光都按照科幻作品中对宇宙飞船的刻画来设计。设计师通过对船体原动线及项目运行中的真正动线进行研究，利用灯光巧妙地完成了对夜间人流的引导，并由此实现了登船、启程等场景。

设计师对所有的灯具均进行了建筑一体化的隐藏设计，对灯具遮挡的材料不仅仅限于建筑表皮，还延伸到水体和景观中。无论白天或夜晚，体验者在感受绚丽、激情的同时，都不会察觉到灯具的存在。

李 驰 2008 级

荷兰欧联设计有限公司 董事合伙人
荷兰 MVRDV 建筑事务所 中国项目代表
荷兰注册建筑师
中国美术学院 客座导师
西安交通大学 客座导师

2010 年毕业于天津大学建筑学院，获工学硕士学位
2012 年毕业于荷兰贝尔拉格建筑学院，获城市设计研究学硕士学位

2011—2012 年任职于荷兰 MVRDV 建筑事务所鹿特丹总部
2012 年至今任职于荷兰 MVRDV 建筑事务所上海办公室
2015 年至今任教于中国美术学院建筑学院
2016 年至今任职于荷兰欧联设计有限公司

个人荣誉
2015 年两岸四地建筑设计大奖银奖
第十四届全国高等美术院校建筑与设计专业优秀作品 金奖、银奖
2016 年 CIDA 中国室内设计大奖 优秀奖

代表项目
上海虹桥 CBD 协信中心（虹桥花瓣楼）/ 天津市滨海新区文化中心图书馆 / 上海奉贤区图书馆 / 合肥滨湖卓越城文华园 / 杭州五常湿地金融岛 / 北京崇文门“魔方”购物中心

天津市滨海新区市民文化中心图书馆

设计单位：荷兰 MVRDV 建筑事务所（方案设计）、中国天津市城市规划设计研究院建筑分院（扩初及施工图设计）、天津市建筑设计院（室内设计）、华谊建源照明设计（灯光照明设计）
业主单位：天津市滨海新区

建设地点：天津市
场地面积：6 600 ㎡
建筑面积：33 700 ㎡
设计时间：2015—2017 年
竣工时间：2017 年

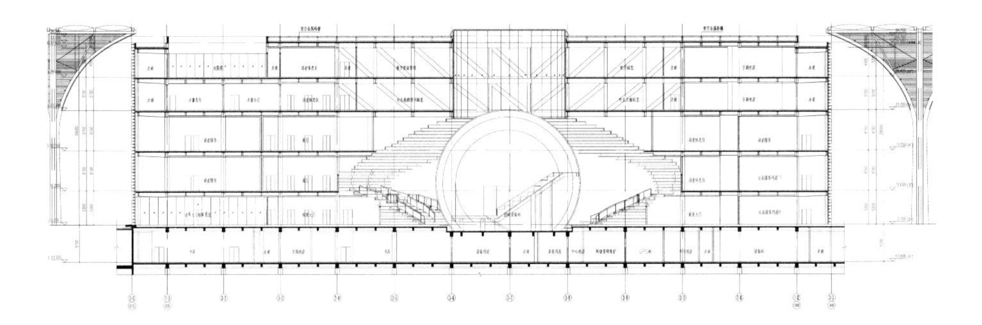

剖面图

天津滨海图书馆的建筑体量自场地向内推开，形成一个洞口，再向中心嵌入一个球形报告厅。书山环绕球体排列，形成一个中庭，书架既作为阶梯、座椅，也构成上方的天花板，在夜晚形成一条连绵的地形景观。曲线书架沿着两面巨大的玻璃立面延伸，将图书馆与中庭两侧的户外公园和室内公共走廊相连接，同时还作为外墙的遮光百叶阻挡过强的日照，并保证室内整体的明亮和通透。这些角度和曲线在于激发空间的不同用途，例如阅读、漫步、攀谈、会面等各类活动。这是一个美丽的公共空间，也是一个全新的城市客厅，所有这一切都构成了建筑之“眼”，看，与被看。

注意
安全

整个五层的图书馆包括了延展的教育设施，它们分布于建筑两侧，可通过中庭到达。地下层拥有办公区、藏书室和一个巨大的档案室。首层为儿童和老人设置了容易到达的阅览区域，来访者可自此轻松到达展示厅、主入口、直达高层的阶梯和通往文化综合体的出入口。第一层至第三层包括了阅览室、藏书室和休息区。最上面两层则包括了会议室、办公室、计算机房、视听资料室和两个屋顶露台。

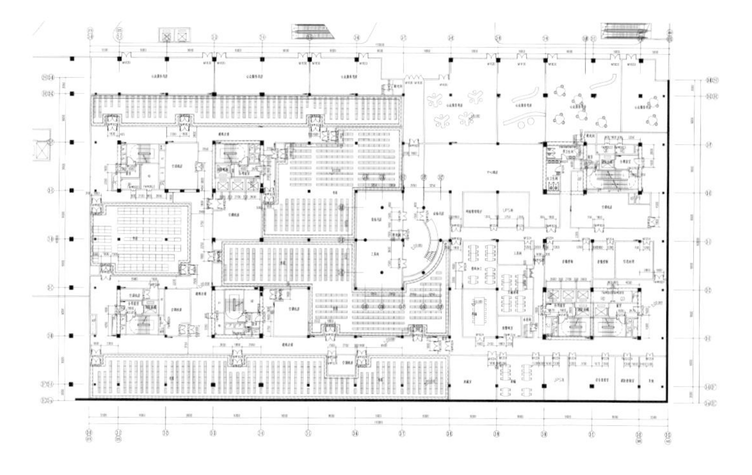

首层平面图

杨申茂 2008 级

上海华东发展城建设计（集团）有限公司天津公司 总建筑师
国家一级注册建筑师
高级工程师
教育部学校建筑标准编写组专家

2013 年毕业于天津大学建筑学院，获建筑设计及其理论博士学位

2006 年至今任职于上海华东发展城建设计（集团）有限公司天津公司

代表作品
上海紫都晶园别墅区 / 天津中医药大学新校区

获奖项目
1. 上海电机学院临港校区：天津市优秀城乡规划设计奖（城市规划类）三等奖（2015）
2. 上海紫都晶圆别墅项目：第五届上海市建筑学会建筑创作奖（2009）/ 中国人居经典建筑规划设计方案竞赛建筑金奖（2009）

上海世博会秦皇岛路水门

设计单位：上海华东发展城建设计（集团）有限公司天津公司
业主单位：上海市申江两岸开发建设投资（集团）有限公司

设计团队：杨申茂、于灏、刘云、张约翰、吴宁、
贺双运、毛亚平、庄志勤、孙凯、张惊涛
项目地点：上海市
场地面积：46 881 ㎡
建筑面积：26 030 ㎡
设计时间：2008—2009 年
竣工时间：2010 年

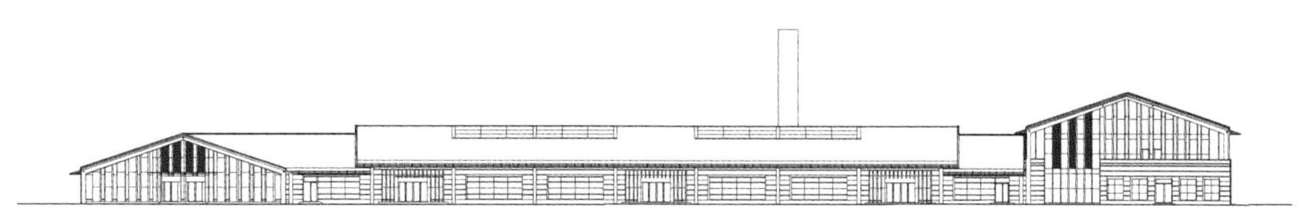

剖面图

上海秦皇岛路水门位于浦江北外滩，交通便利，是上海世博园客流量最大的水上门户。由此往返园区，一岸是十里洋场的外滩，一岸是现代化的浦东金融中心，百年中华历史浓缩其间。基地原为 1920 年代的货场码头，用地平整开阔，岸线有 200 米。基地内有六幢老的仓库，有一定的历史价值。设计团队选择紧临码头的两个木结构仓库 D 楼和 F 楼改造为候船楼，其余四幢建筑改造为综合服务设施。

整体的规划及建筑设计基于大人流交通建筑的功能需求，以一个舒展开敞的大候船厅连接了两座原有的 D、F 仓库，出入站流线便捷高效，互不干扰。因为候船楼下为地铁 4 号线和大连路过江隧道，建筑在结构上选用浅埋基础，装配式钢结构体系，最大限度地减少对地下隧道工程的影响。改造建筑保持原有的沿江天际线轮廓，风格上很好地传承了场所的文脉。建筑内外装饰简洁素雅，选用了适宜的节能设备和绿色材料，以契合绿色世博、节约世博的主题。水域部分新建三个泊位，其中营运泊位两个，停船泊位一个，占用岸线共 200 米，接纳世博会期间日平均客流量有 2 万人次。

孙欣晔 2010 级

北京大料建筑设计事务所 建筑师

2015 年毕业于天津大学建筑学院，获工学学士学位

2015 年至今任职于北京大料建筑设计事务所

获奖项目
一舍山居：Architizer 建筑奖酒店与度假村类最佳人气奖 (2017)

北京是几千万人的情感孤独之地，空气中弥漫着“戾气”，是人们想逃又不敢逃的“精神劫难”。而距北京 60 千米世界文化遗产“明十三陵”边的一个小山村里，静静地存在着一个只有 5 间客房的小酒店。厌倦了大都会生活的人们，穿过皇陵，穿过历史，顺流而上，寻找城市中不曾得到的身体的放松和情感的自由。

一舍山居

设计单位：北京大料建筑设计事务所
业主单位：北京日月相辉经贸有限公司

Popular Choice Winner in Hotels & Resorts
Architizer A+Award 2017

设计团队：刘阳、孙欣晔
项目地点：北京市
场地面积：660 ㎡
建筑面积：450 ㎡
设计时间：2015—2016 年
竣工时间：2016 年
摄影：孙海霆

余 康 2014 级

楷亚锐衡设计规划咨询（上海）有限公司 高级副总监
绿色建筑认证工程师
项目管理专业人士认证
二级注册建筑师

2014 年入学天津大学建筑学院

2005—2008 年任职于青岛腾远设计事务所（上海分所）
2008—2011 年任职于马达思班建筑设计事务所
2011 年至今任职于楷亚锐衡设计规划咨询（上海）有限公司

获奖项目
1. 东莞松山湖雅乐轩酒店：国际酒店奖亚太区 50 ~ 200 间房最佳酒店奖（2015）
2. 福州泰禾凯宾斯基酒店：地产设计大奖中国荣誉奖（2015）
3. 东莞万科松湖中心：第十届金盘奖年度最佳商业楼盘奖（2015）
4. 西安金地凯悦度假酒店：设计中国精品度假酒店设计优胜奖（2013）

福州凯宾斯基酒店及泰禾总部大厦

设计单位：楷亚锐衡设计规划咨询（上海）有限公司
业主单位：泰禾集团

地产设计大奖中国荣誉奖（2015）

设计团队：曹斌、余康、王怀昌、肖凤、Hugh Whitmore
项目地点：福建省福州市
场地面积：126 000 ㎡
建筑面积：123 974 ㎡
设计时间：2012 年
竣工时间：2016 年

泰禾广场营销中心
东二环泰禾广场
Kempinski

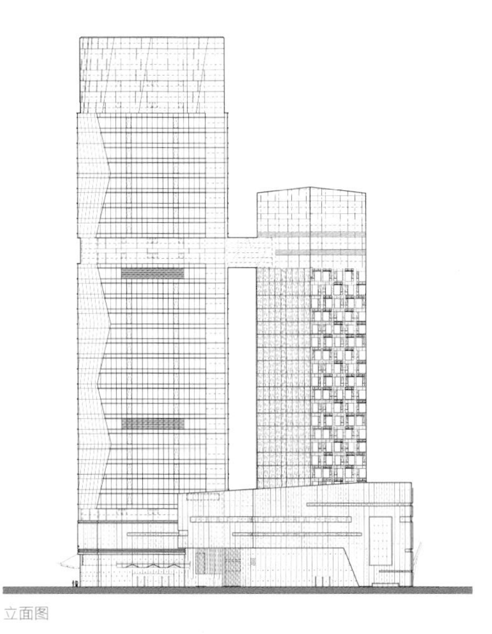
立面图

设计希望方案体现禅的意境，能够体现崇尚淡静、重意轻实的特色，尊重地域文化，使用创新性技术和材料，打造具有国际设计品质的酒店建筑。项目造型的灵感来自福州丰厚的自然景观和悠久的地域文化。福州盛产石材，其中不乏名贵的品种，选取其中若干用于建筑形象的隐喻。田黄石有“福”（福建）、“寿”（寿山）、“田”（财富）、“黄”（皇帝专用色）之寓意，具备细、洁、润、腻、温、凝之六德，人称“帝石”，又因其作为印章石的最佳载体而具有悠远的文化意义。

办公塔楼的立面概念源于对田黄石品相的诉求，即形体如印章般端正、表面温润细洁的特点。水晶，又名水玉，其莹如水，其坚如玉。酒店的造型如同斜切的晶体，长于如层层磐石的裙房之上，清透爽净，折射着万千光彩。因此，泰禾广场不只是提振商业气息的城市综合体，更是负载福州厚重文化的精神内核。

杭州滨江宝龙城市广场

设计单位：楷亚锐衡设计规划咨询（上海）有限公司
业主单位：杭州宝龙房地产开发有限公司

设计团队：曹斌、余康、王怀昌、肖凤、Samuel Reilly
项目地点：浙江省杭州市
场地面积：400 580 ㎡
建筑面积：400 000 ㎡
设计时间：2012 年
竣工时间：2016 年

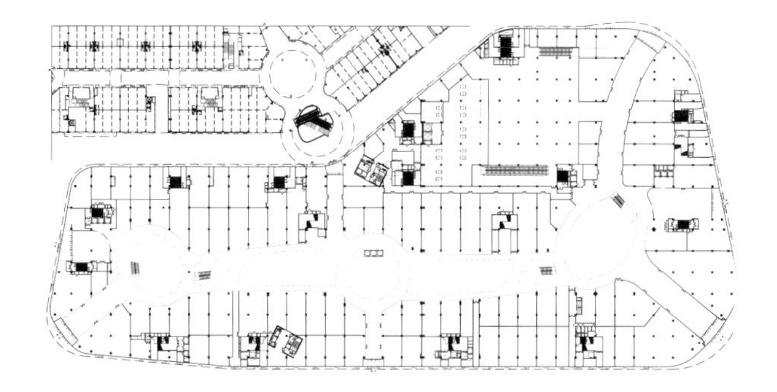

首层平面图

杭州滨江宝龙城市广场是业主在中国杭州市的三大重点项目之一。该项目是其所在区新的商业中心，将成为充满活力的综合性开发项目，是一个将购物、办公和商业集中到一个通达性佳且对行人友好的目的地。

项目以多样化的商业组合（包含一系列可与当地市场以及艺术和文化机会相互促进的受欢迎品牌）填补当地市场的空缺，通过独一无二且在本地具有影响力的美学特征来吸引访客，提供便捷的进出通道和流线形交通。设计团队采用参数化设计技术来创造轮廓分明、逐步变化的立面表面，将技术、梦幻和时尚融为一体，通过行人友好型地下与地上交通连接购物中心与商业综合体，其中有一条可通往环形桥的商业步行街可确保人们轻松进入附近的两条地铁线路。

西安金地凯悦酒店

设计单位：楷亚锐衡设计规划咨询（上海）有限公司
业主单位：金地集团

设计中国精品度假酒店设计优胜奖（2013）

设计团队：曹斌、余康、王怀昌、徐皓、焦照国、邵晶艺
项目地点：浙江省杭州市
场地面积：60 000 ㎡
建筑面积：62 523 ㎡
设计时间：2011 年
竣工时间：2016 年

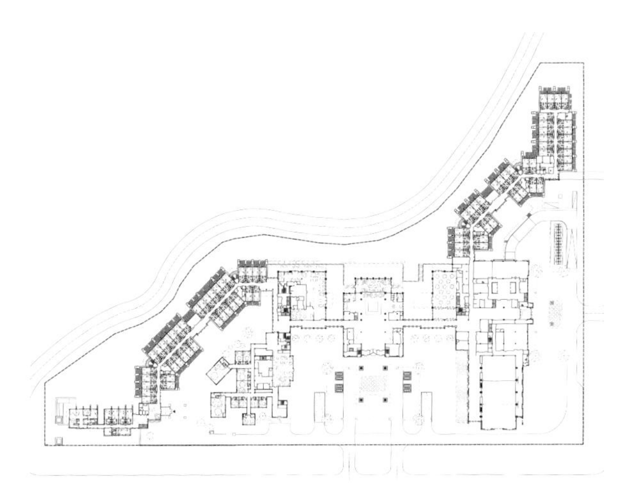

首层平面图

金地西安凯悦度假酒店的设计突显出浓郁的文化和历史底蕴，以其创新的设计风格再现唐朝的风采。它与周边自然环境天然合一，是凯悦最吸人眼球的酒店之一。酒店拥有 300 间客房，毗邻曲江池遗址公园（是中国历史上久负盛名的皇家园林和京都公共区）。设计团队敏感地捕捉到项目地理位置的重要性，在设计中注入了能诠释儒家思想和道教文化的元素，同时还不忘呈现附近湖泊的美景。在基地的中间，以东西中轴线为基准，团队依次布置酒店大堂、观景平台等酒店主要公共空间，体现恢宏富丽的古韵唐风。

后记

POSTSCRIPT

八十载风雨悠悠育累累英华，数十年桃李拳拳谱北洋匠心，历经近一个世纪的风风雨雨，2017 年的金秋十月，迎来了天津大学建筑教育的 80 周年华诞。

天津大学建筑学院的办学历史可上溯至 1937 年创建的天津工商学院建筑系。1954 年成立天津大学建筑系，1997 年在原建筑系的基础上，成立了天津大学建筑学院。建筑学院下辖建筑学系、城乡规划系、风景园林系、环境艺术系以及建筑历史与理论研究所和建筑技术科学研究所等。学院师资队伍力量雄厚，业务素质精良，在国内外建筑界享有很高的学术声誉。几十年来，天津大学建筑学院已为国家培养了数千名优秀毕业生，遍布国家各部委及各省、市、自治区的建筑设计院、规划设计院、科研院所、高等院校和政府管理、开发建设等部门，成为各单位的业务骨干和学术中坚力量，为中国建筑事业的发展做出了突出贡献。

2017 年 6 月，天津大学建筑学院、天津大学建筑学院校友会、天津大学出版社、乙未文化决定共同编纂《北洋匠心——天津大学建筑学院校友作品集》系列丛书，回顾历史、延续传统，力求全面梳理建筑学院校友作品，将北洋建筑人近年来的工作成果向母校、向社会做一个整体的汇报及展示。

2017 年 7 月，建筑学院校友会正式开始面向全体天津大学建筑学院校友征集稿件，得到了广大校友的积极反馈和大力支持，陆续收到 130 余位校友的项目稿件，地域范围涵盖我国华北、华东、华南、西南、西北、东北乃至北美、欧洲等地区的主要城市，作品类型包含教育建筑、医疗建筑、交通建筑、商业建筑、住宅建筑、规划及景观等，且均为校友主创或主持的近十年内竣工的项目（除规划及城市设计），反映了校友们较高水平的设计构思和精湛技艺。

2017 年 9 月，彭一刚院士、张颀院长、李兴钢大师、荆子洋教授参加了现场评审，几位编委共同对校友提交的稿件进行了全面的梳理和严格的评议，同时，崔愷院士、周恺大师也提出了中肯的意见，最终确定收录了自 1977 年恢复高考后入学至今的 113 位校友的 223 个作品。

本书以校友入学年份为主线，共分为四册。在图书编写过程中，编者不断与校友沟通，核实作者信息及项目信息，几易其稿，往来邮件近千封，力求做到信息准确、内容翔实、可读性高。

本书的编纂得到了各界支持，出版费用也由校友众筹。在此，向各位投稿的校友、编委会的成员、各位审稿的校友、各位关心本书编写的校友表示衷心感谢。感谢彭一刚院士、崔愷院士对本书的关注和指导，感谢张颀院长等学院领导和老师对本书编辑工作的支持，感谢各地校友会对本书征稿工作的组织与支持，最后，感谢本书策划编辑、美编、摄影等工作人员的高效工作与辛勤付出！

掩卷感叹，经过紧锣密鼓的筹备，这套丛书终于完稿，内容之精彩让人不禁感慨于天大建筑人一代又一代的辛勤耕耘，感叹于校友们的累累硕果。由于建筑学院历届校友众多，遍布五湖四海，收录不全实为遗憾，编排不当之处在所难免，敬请各位校友谅解，并不吝指正。

最后，谨以此书献给天津大学建筑教育80周年华诞！愿遍布全世界的天大人携手一心，续写北洋华章，再创新的辉煌！

本书编委会

2017年12月

图书在版编目（C I P）数据

北洋匠心：天津大学建筑学院校友作品集．第二辑．1999—2013 级 / 天津大学建筑学院编著．—天津：天津大学出版社，2018.1
（北洋设计文库）
ISBN 978-7-5618-6054-0

Ⅰ．①北… Ⅱ．①天… Ⅲ．①建筑设计—作品集—中国—现代 Ⅳ．① TU206

中国版本图书馆 CIP 数据核字 (2018) 第 017570 号

Beiyang Jiangxin　Tianjin Daxue Jianzhu Xueyuan Xiaoyou Zuopinji
Di'erji　1999 —1913Ji

图书策划 杨云婧
责任编辑 朱玉红
文字编辑 李　轲、李松昊
美术设计 许万杰、高婧祎
图文制作 天津天大乙未文化传播有限公司
编辑邮箱 yiweiculture@126.com
编辑热线 188-1256-3303

出版发行　天津大学出版社
地　　址　天津市卫津路 92 号天津大学内（邮编：300072）
电　　话　发行部 022-27403647
网　　址　publish.tju.edu.cn
印　　刷　深圳市汇亿丰印刷科技有限公司
经　　销　全国各地新华书店
开　　本　185mm × 250mm
印　　张　16
字　　数　116 千
版　　次　2019 年 1 月第 1 版
印　　次　2019 年 1 月第 1 次
定　　价　298.00 元